Widerspiegelung der Binnenstruktur und Dynamik der Art in der Botanik

Symposium veranstaltet von der Arbeitsgemeinschaft Phytotaxonomie der Biologischen Gesellschaft der DDR am 24. und 25. November 1972 in Berlin

Herausgegeben von
Prof. Dr. W. VENT, Berlin

AKADEMIE-VERLAG BERLIN

Erschienen im Akademie-Verlag, 108 Berlin, Leipziger Str. 3—4

Lizenznummer: 202 · 100/525/74
Einband: Karl Salzbrunn
Gesamtherstellung: VEB Druckhaus „Maxim Gorki", 74 Altenburg
Bestellnummer: 761 919 3 (6204) · LSV 1355
Printed in GDR
EVP 22,—

Inhalt

H. LEY: Zu Strukturproblemen der Artbildung und Differenzierung der Art 7
W. VENT: Fortpflanzungsformen und Artbegriff 25
R. LÖTHER: Zur Auffassung der Art als materielles System 41
U. NÜRNBERG: Populationsdynamik und die infraspezifische Struktur und Dynamik der Art 53
A. SCAMONI: Vegetationseinheiten und Binnenstruktur der Art 69
U. SUCKER: Einige Bemerkungen zur Theorie der Art – unter besonderer Berücksichtigung der Dialektik von Einzelnem und Allgemeinem 83
H. MANITZ: Zu Begriff und Inhalt der taxonomischen Kategorien und nicht-taxonomischer Einheiten 91
S. DANERT †; J. SCHULTZE-MOTEL & E. TABBERT: Struktur und Dynamik von Kulturpflanzenarten 105
P. HANELT: Fragen der infraspezifischen Gliederung von Kulturpflanzen 111
H. KREISEL: Die Gattungs- und Artenkonzeption bei Großpilzen 117
G. NATHO: Introgressive Hybridisation und Sippendifferenzierung 129
G. KLOTZ: Kleinsippen in allogamen und apogamen Abstammungsgemeinschaften 139
R. DOLL: Die apomiktische Art und ihre Beziehung zur Evolution 161

Meine sehr verehrten Damen und Herren,
liebe Kolleginnen und Kollegen!

Ich begrüße Sie recht herzlich und freue mich, daß Sie in so großer Zahl unserer Einladung gefolgt sind. Auf den Tagungen unserer AG Phytotaxonomie sind während der letzten Jahre immer wieder Probleme der Art berührt worden. Sie ließen den Wunsch aufkommen, solche Fragen einmal zusammenhängend ausführlicher zu behandeln, wozu wir uns hier zusammengefunden haben. Solange es botanische Systematik als Wissenschaft gibt, wird auch die Artproblematik behandelt. In der Hierarchie der systematischen Kategorien nimmt die Art eine zentrale Stellung ein, ihre Bedeutung in der botanischen Systematik ist unbestritten. Den Bemühungen zur Klärung des Artbegriffes und zur Erarbeitung von Artkriterien wurde und wird große Bedeutung beigemessen. Biologen, Genetiker, Palaeontologen, Philosophen u. a. haben auf Grund von Forschungsergebnissen umfangreiches Material mit recht unterschiedlichem Verarbeitungs- bzw. Verallgemeinerungsgrad zusammengetragen und unter verschiedenen Aspekten beleuchtet. Trotzdem kann der Stand unserer Erkenntnisse über die Art noch nicht befriedigen. Das gilt in gleichem Maße für die Feststellung der Artgrenzen wie auch der infraspezifischen Strukturen und Prozesse. Unterschiedliche Konzeptionen des Artbegriffes in Florenwerken der letzten Dezennien legen davon Zeugnis ab.

Die Ergebnisse unserer Forschung sind in zunehmendem Maße auch für Anwendungsbereiche im weiten Feld der Praxis von heuristischer und prognostischer Bedeutung. In besonderem Maße gilt das für jene Bereiche, die im Zusammenhang mit der immer tiefer greifenden Durchdringung von Noosphäre und Biosphäre und den Wechselwirkungen zwischen beiden stehen. Gerade diese, die Existenz des Menschen auf der Erde berührende Seite, erfordert dringend eine Klärung der Verhältnisse im Binnenbereich der Art bis zu den Populationen, den Elementareinheiten der Evolution. Es ist deshalb unser Ziel, zusammen mit Philosophen und Fachkollegen im Rahmen dieses Symposiums einen Beitrag zu dieser Problematik zu erarbeiten. Mit herzlichem Dank an alle, die durch ihre Arbeit die Voraussetzung für unsere Arbeit geschaffen haben, eröffne ich unser Symposium und verbinde damit die besten Wünsche für ein gutes Gelingen.

W. VENT, Berlin
(Vorsitzender)

Aus dem Bereich Philosophie/Wissenschaft, Sektion marxistisch-leninistische Philosophie der Humboldt-Universität zu Berlin

Zu Strukturproblemen der Artbildung und der Differenzierung der Art

R. LEY

Das Ordnen und Zuordnen pflanzlicher und tierischer Individuen zueinander erscheint als das Klassifizieren einer praktisch unendlichen Mannigfaltigkeit, einem nicht unbeträchtlichen Moment des menschlichen Erkenntnisprozesses. als eine der Voraussetzungen des Handelns und Denkens zog es das philosophische Interesse auf sich und hörte nicht auf, die Reflexion zu beschäftigen. Bis in jüngste Zeit bleibt umstritten, welche Legitimation die angewendeten Verfahren besitzen. In dem philosophierenden Strukturalismus der MICHEL FOUCAULT und CLAUDE LÉVI-STRAUSS existiert bei dem Versuch der Beschäftigung mit der methodologischen Analyse gesellschaftlicher Sachverhalte eine anscheinend abstruse Anknüpfung an die Biologie. Von FOUCAULT ist auf den Text eines Monsieur BORGES Bezug genommen, der im Anschluß an eine fingierte chinesische Enzyklopädie die Tiere wie folgt einteilt: a. solche, die dem Herrscher gehören; b. einbalsamierte; c. gezähmte; d. Milchkühe; e. Sirenen; f. Fabelwesen; g. in Freiheit streunende Hunde; h. in die vorliegende Klassifikation eingeschlossene Lebewesen; i. solche, die sich wie die Narren benehmen; j. unzählbare; k. solche, die mit Büscheln an Kamelhaaren befestigt sind; l. sonstige; m. die gerade einen Krug zerbrochen haben; n. solche, die von Ferne Fliegen gleichen (M. FOUCAULT, Les mots et les choses, Paris 1966, S. 7, Préface). FOUCAULT sieht darin eine Inkongruenz, die zwar lachhaft erscheinen, aber allen Ableitungen entspreche, die eine Kontinuität von Sachverhalten und Lehrmeinungen in der Geschichte zu rekonstruieren versuche (M. FOUCAULT S. 15, Préface). Ersichtlich hat der neuere Strukturalismus Schwierigkeiten, mit den Kategorien Kontinuität und Diskontinuität fertig zu werden und postuliert eine unaufhebbare Inkongruenz der Dinge und Begriffe, des Vergangenen und des Gegenwärtigen, erst recht aber des Zukünftigen. Mit dem Verzicht auf eine Ableitbarkeit des Historischen und sein Verständnis verbindet sich die Annahme, jedes wissenschaftliche Erfassen der gegenwärtigen Mannigfaltigkeit verfalle in die von BORGES angedeuteten Ungereimtheiten. Das Erfassen von Gesetzmäßigkeiten ist damit von den philosophierenden Strukturalisten als unmöglich hingestellt. Eine Abwandlung des gleichen Prinzips schließt daran die Unmöglichkeit, mit Klassen von Objekten auch dazugehörige Individuen der Gesamtheit zu charakterisieren. Gleichzeitig von welchem Gebiete ausgegangen wird, beziehen sich die daraus abgeleiteten Folgen stets auf eine absolute Relativierung der menschlichen Geschichte und im Besonderen jeder Entwicklung. Die Debatte über genus und species besitzt demnach in jüngster Zeit eine erneute Brisanz, die in die gesellschaftlichen Auseinandersetzungen eingreift. Die in Biologie und im besonderen in der Botanik von der Sache her geführte Diskussion über den Artbegriff verbindet sich seit DARWIN und MENDEL mit der Frage nach der Entstehung der Arten und der höheren Kategorien (Vgl. H. LAMPRECHT, Die Entstehung der Arten und der höheren Kategorien, Wien/New York 1966), mit der Abgrenzung von Arten und den Übergängen, die Deszendenz signalisieren.

Es wird sich zeigen, daß von ARISTOTELES bis zur Gegenwart das Auseinandersetzen mit dialektischen Denkbestimmungen das Reflektieren über Klassifikation begleitet und sich weltanschauliche Überlegungen aufdrängen. Um darzustellen, wie von der Sache her derartige Überlegungen sich mit Notwendigkeit aufdrängen, soll dieser Sachverhalt an DOBZHANSKY, MAYR und LAMPRECHT demonstriert werden. Bei ARISTOTELES lassen sich einige wichtige erkenntnistheoretische Momente erkennen, die man in neuerer Zeit wieder aufgriff. CAESALPIN verband sein klassifikatorisches Bemühen mit entschiedener weltanschaulicher Expressivität.

LAMPRECHT unterscheidet objektiv und subjektiv bedingte Klassifikation sowie zwei große Abschnitte der Definition von Arten. Die eine geht von der Konstanz der Arten aus, die andere nach LAMARCK und DARWIN bezieht deren Unbeständigkeit ein und erhält damit den Anschluß an Entwicklung und stammesgeschichtliche Untersuchungen (H. LAMPRECHT S. 1 f., 27, 30). Wie sich belegen läßt, erhält sich eine weitgehende Ähnlichkeit der herangezogenen und heranzuziehenden philosophischen Kategorien.

In der erkenntnistheoretischen Diskussion der Gattung verweist ARISTOTELES 384/3–322/1), nach KARL MARX der größte Denker des Altertums (K. MARX Das Kapital I, Berlin 1965, S. 430), einmal auf die Funktion des Maßes (ARISTOTELES, Metaphysik, ed. F. BASSENGE, Berlin 1960, I. 6, 1056 b, 1057 a, S. 236 ff.), zum anderen auf die logische Ableitbarkeit, bei der die Gegenteile und ihr Mittleres zu beachten sei (Met. I. 7, 1057 a, b, S. 238 ff.). Er definiert: ‚Mittlere Dinge müssen also miteinander und mit den Dingen, zwischen denen sie mittlere Dinge sind, zu derselben Gattung gehören‘ (Met. 1057 a). Dabei unterscheidet ARISTOTELES zwischen Widerspruch (antíphasis) und Gegenteil (enantîosis). Liegt erstere Kategorie vor, handelt es sich um eine Entgegensetzung, bei der es k e i n Mittleres gibt, wohingegen aufeinander bezügliche Dinge dann ein Mittleres besitzen, wenn sie Gegenteile enthalten, die sie einer Gattung zurechnen lassen (Ebenda). Bemerkenswert ist, daß ARISTOTELES auch die kein Mittleres besitzenden Objekte als in Beziehung zueinander befindlich auffaßt. Widerspruch und Gegensatz oder Gegenteil sind einer Kategorie zugeordnet, aber aus dem Zusammenhang ihnen eine unterschiedliche Bedeutung zugeteilt. LAMPRECHT endet seine bemerkenswerte Abhandlung mit der ‚für alle Abläufe in der Natur, von den kleinsten physikalischen Einheiten angefangen bis zu den größten sowohl anorganischen wie organischen Organisationen' angenommenen These Contrarium semper rerum naturae causa (H. LAMPRECHT S. 436).

Gehört des ARISTOTELES Vermerk über die Gegensätze zur Darstellung formallogischer Schlußweise, so geht seine Analyse des Sachverhaltes darüber hinaus und wird dialektisch, ein ebenso für LAMPRECHT geltendes Moment. LENIN vermerkt in seinem Konspekt zur ‚Metaphysik' des Aristoteles, er stelle überall, auf Schritt und Tritt die Frage gerade der Dialektik' (W. I. Lenin, Werke Bd. 38, S. 348 f.). Die Methode der Fragestellung nennt LENIN ‚so etwas wie Probesysteme' (W. I. LENIN S. 349). Dann ist anschließend als materialistisch die Versicherung gekennzeichnet, daß kein Allgemeines neben und getrennt vom einzelnen existiere (Ebenda). Gelegentlich sieht LENIN zufälligen, nicht konsequenten, unentwickelten, flüchtigen dialektischen Materialismus (W. I. LENIN, S. 351) aufscheinen. In des ARISTOTELES Überlegungen zur Gattung, die ebenso für den Artbegriff und seine Implikationen Geltung besitzen, ist auf die objektive und subjektive Seite des Sachverhaltens verwiesen. Der Widerspruch oder Gegensatz wie das Mittlere muß nach ARISTOTELES dinglich Gegenständlich vorhanden sein. Wie es aufgefunden wird, ist eine Angelegenheit der ‚Probesysteme', wie sich LENIN ausdrückt, mit denen das Mittlere und das Gegensätzliche von dem sich mit Erfahrungsdingen beschäftigenden Forscher gesucht wird. Das Mittlere nennt ARISTOTELES die Gattung und läßt es aus diesen Gegenteilen zusammengesetzt sein (ARISTOTELES, Meta. 1057 b). Die zu einem Mittleren passenden Gegenteile sind als dem Mittleren zugehörig verstanden. Sie sind in ihm der Möglichkeit nach vorhanden oder real im Mittleren angelegt. Aus botanischen und zoologischen Klassifikationsbemühungen abgeleitet, beziehen sich die materialistischen philosophischen Folgerungen des ARISTOTELES auf einen Sachverhalt, der gedanklich hervorgebracht wird, aber der empirischen Festung zugänglich geblieben ist. Der Möglichkeit nach behauptet und mit begrifflicher Stringenz versehen, konnte nach mehr als zweitausend Jahren die kodierte Gestalt als materielle Informationseinheit in DNS oder RNS zum Nachweis und zu experimenteller Verfügbarkeit gelangen. ARISTOTELES hielt sich an den Unterschied der Gestalt, um die gemeinsame Gattung herauszufinden, die im Sinne von Stoff oder in anderer Weise bestehe (Met. I. 8, 1057 b, 1058 a: ‚Ich nenne nämlich dasjenige ‚Gattung', was von zwei Dingen als ein und dasselber ausgesagt wird und was nicht hinzukommenderweise einen Unterschied aufweist, mag es nun im Sinne von Stoff bestehen oder in anderer Weise.'). Zur Demonstration benutzt ARISTOTELES die Objekte Mensch und Pferd, die unter den Gattungsbegriff Lebewesen subsumiert sind. Es könnte den Anschein erwecken, als ob sich der Philosoph damit auf einem Abstraktionsniveau befinde, daß keinerlei gegenwärtigen Bezug zulasse. DOBSZHANSKY bestätigt indes ARISTOTELES, er habe ein der modernen Klassifikation ähnliches Prinzip gefunden, das sich bei den Tieren bewährte. PLINIUS hingegen wollte sie nach ihrem Habitat ordnen, ob sie im Wasser, auf dem Land oder in der

Luft vorkommen, eine als ökologische Klassifikation neuerdings wieder vorgeschlagene Verfahrensweise. DOBZHANSKY bescheinigt ARISTOTELES und PLINIUS, sie hätten sich an natürliche Grundlagen gehalten, besaßen demnach so etwas wie ein natürliches System, dessen Spezifität auf Konvention beruhe. Da aber die von ARISTOTELES gewählte Einteilung mehr Möglichkeiten der Voraussage gestatte, wenn ein Objekt etwa zu *Drosophila* gehöre, als nach der ökologischen Methode, sei ersteres das ‚Natürlichere' (TH. DOBZHANSKY, Genetics and the Origin of Species, New York 1937, S. 303 f.: ‚Books in a library may be classified according to contents, name of the author, year of publication, size, color of the cover, etc.; which of these methods is selected depends on convenience. The same principle may be applied to the classification of organisms. In fact, Pliny did reject the system of animals proposed before him by Aristotle, which happened to be fairly similar to the modern one, and subdivided the animals into those living in water, on land, and in the air. One might just as well use as a basis of classification such characters as usefulness or harmfulness to man, occurence in different climates, etc.... The pragmatism of the existing classification is openly acknowledged by many systematists ...'). Das ideale ‚natürliche' System erlaube die Voraussage bzw. die Angabe einer hinreichenden Zahl deduktiver Sätze, die eine vollständige Beschreibung gestatten, wenn die Zugehörigkeit zu einer Species erkannt ist (Ebenda, S. 304). Die philosophischen Aussagen von ARISTOTELES lassen sich auf Grund der Einschätzung DOBZHANSKYs und der biologischen Interessen des Philosophen der Antike durchaus als methodologische Elemente einer Einstellung begreifen, die ein in den empirischen Disziplinen resultatreiches Verfahren beschreiben. Den später benutzten Begriff des Merkmals finde ich in der ‚Metaphysik' nicht expliziert angewendet. Hingegen findet sich im Anschluß an die Definition der Gattung ein Hinweis auf die Objektivität des Unterschieds der Gestalten, die die Gattung selbst verschieden mache. Das Zerlegen aller Dinge durch Entgegengesetztes, wie sich ARISTOTELES ausdrückt, heißt ‚Unterschied von einem anderen in etwas', sind als sich wechselseitig ausschließend aufgefaßt (Met. I. 8, 1058 a: ‚Dies nun wird ein Gegensatz sein ... Denn alle Dinge werden ‚zerlegt' durch Entgegengesetztes, und wir haben schon gezeigt, daß Gegenteile derselben Gattung angehören. Denn der Gegensatz zeigt sich als vollendeter Unterschied, der Unterschied der Gestalt nach aber immer als Unterschied von einem anderen in etwas; dieses Etwas aber ist für beide Dinge dasselbe, und zwar ihre Gattung.'). Da ARISTOTELES zwischen Materialismus und Idealismus schwankte, ist Gestalt doppelt aufgefaßt. Die vorliegende Stelle benutzt den Begriff naiv und im Stoff angelegt. Daneben bedeutet eidós außerdem eine v o r den Dingen vorhandene Entelechie, die für die empirische Arbeit keine Bedeutung besitzt, da die Unterschiede der Dinge sich in den vorgeschlagenen Probesystemen (LENIN s. o.) an dem untersuchten Objekt selbst zu bewähren haben. Aus dem Gegensätzlichen als dem vollendeten Unterschied ist die Gattung zu rekonstruieren oder je nachdem die Art. Für jede beliebige Subspezies gilt das gleiche Verfahren. In den Probesystemen erfolgt gleichsam hypothetisch die Fixierung der Gestalt in Merkmalen, die sich zu Mustern gruppieren. Da gelegentlich die Annahme besteht, es handele sich dabei um spezifisch idealistische Termini anglo-amerikanischer philosophy of science, ist darauf zu verweisen, daß es sich um Begriffe handelt, die in der Auseinandersetzung mit subjektiv-idealistischen Zügen der KANTischen Philosophie eine Rolle spielten. LENIN vermerkte die Polemik HEGELs gegen KANT, der der Reduktion auf Merkmale den Verzicht auf Erkenntnis vorwarf und akzeptierte sie als antiidealistisch (W. I. LENIIN, Bd. 38, S. 159 f.: ‚Das Abstrahieren hat in dieser Meinung die Bedeutung, daß aus dem Konkreten nur zu unserem subjektiven Behufe ein oder das andere Merkmal so herausgenommen werden, daß mit dem Weglassen so vieler anderer Eigenschaften und Beschaffenheiten des Gegenstandes denselben an ihrem Werte und ihrer Würde nichts benommen sein solle . . ., so daß es nur das Unvermögen des Verstandes sei, solchen Reichtum nicht aufzunehmen und sich mit der dürftigen Abstraktion begnügen zu müssen.‘).

Die Objektivität der Gestalt ist bei ARISTOTELES an der Beziehung zur Farbe demonstriert. Weiße oder Schwärze beim Menschen bringe keinen Unterschied der Gestalt hervor, auch dann, wenn man ihnen verschiedene Namen gäbe (Met. I. 9, 1058 b, S. 243). Infolge der Kodierung der Gestalt in dem genetischen Substrat besitzt die Berücksichtigung der Gestalt im materiellen Objekt und ihre Abbildung durch das Bewußtsein keinerlei idealistische Züge, wenn auch innerhalb idealistischer Philosophie gelegentlich solche Vorstellungen vorhanden sind. Der Verweis der Merkmale und Muster auf Gattung und Art sowie auf andere Kategorien im Verständnis etwa LAMPRECHTs entspricht zugleich dem Bezug auf die sich ontogenetisch realisierende Gestalt und gibt die Grundlage zu evolutionstheoretischen Untersuchungen. Wie ersichtlich, sprach ARISTOTELES von einer größeren Anzahl Unterschieden und Gegensätzen, die zur Bestimmung der Gattung heranzuziehen seien. Wie viele Merkmale heranzuziehen sind, hat sich, soweit ich sehe, als eine praktische Frage herausgestellt. Im Anschluß an LENINs Exzerpt über Merkmale bedeutet jegliche Verwendung einer damit vollzogenen Charakterisierung einen Verzicht auf Mannigfaltigkeit, wodurch erst wissenschaftliche Beschreibung die Gesamtheit des oder der Objekte zu erfassen vermag. Wie viele Merkmale anzuwenden seien, entspricht nicht einem subjektivistischen Ökonomieprinzip, das dem Neopositivismus annähere, sondern dem Erfordernis der Sache. Aus diesem Grunde vermag der Übergang von monothetischer zu polythetischer Charakterisierung, also dem Benutzen von mehr als einem oder einigen Merkmalen zu einer polyfaktorellen Kennzeichnung keine neue oder prinzipiell geänderte erkenntnistheoretische Situation zu schaffen. Da das Auffinden ‚natürlicher‘ Taxa über Probesysteme verläuft, ist das Problem nicht aus der Welt geschafft, wenn das Anwenden derartiger Gesichtspunkte nicht unmittelbar zu weiterreichenden Erfolgen Anlaß gibt. Spricht man von natürlichen Taxa und versteht darunter ganz allgemein eine engere Beziehung von Mitgliedern einer Klasse als von Nichtmitgliedern, so läßt sich die entsprechende Relation auf verschiedene Weise untersuchen. Da im Gegensatz zu dem philosophierenden Strukturalismus die evolutionäre Tendenz, die mit dem Entstehen organischer Moleküle eingeleitet wurde, außer Frage steht, sind unterschiedliche Verfahren der Klassifikation von den Anforderungen der Forschung und der Anwendung abhängig. Phenetische Beziehungen gelten als allgemeine Ähnlichkeit der zu klassifizierenden Objekte, kladistische als beruhend auf gemeinsamer Abstammung, chronistische oder temporale als Darstellung von Beziehungen verschiedener evolutionärer Zweige oder Büsche. ROBERT R. SOKAL bringt zoologische Belege für polyfaktorielle Kennzeichnung und erwähnt Vögel ohne Flügel, Wirbeltiere ohne rote Blutkörperchen, Säuger, die ihre Jungen nicht gebären. HERBERT LAMPRECHT erwähnt die inneren Faktoren der Organismen, die für die Ausbildung von Merkmalen wichtig seien. Er bezieht sich auf die Forderung BATESONS von 1922, die Arten schärfer gegeneinander abzugrenzen als die ihnen untergeordneten Einheiten. Genannt sind die genotypische Konstitution, die Struktur der Chromosomen und die Spezifität des Plasmas. Die Umweltverhältnisse sind außer acht gelassen, da sich wohl durch sie die Manifestation der betreffenden Faktoren ändere, nicht aber die Faktoren selbst (H. LAMPRECHT S. 2). Nicht betroffen ist von dieser Ausweitung des Merkmalsbereiches die andere Frage, ob aus Subspezies gute Arten entstehen könnten, für die STEBBINs, DOBZHANSKY, JULIAN HUXLEY, MAYR, CLAUSEN und HIESEY, RENSCH und SIMPSON angeführt sind (H. LAMPRECHT S. 412–418), o d e r ausschließlich ein interspezifisches Gen für das Entstehen neuer Arten verantwortlich sei. MANFRED EIGEN nimmt in seiner Analyse der Wahrscheinlichkeit des Übergangs vom anorganischen zum organischen Molekül und dem Entstehen der genetischen Mechanismen sowie der Arten an, es handele sich um die gleichzeitige Veränderung einer Anzahl Gene durch Mutation, die einen bleibenden Selektionsvorteil auf genetisch fixierter Grundlage hergeben (M. EIGEN, The Selforganization of Matter. In: Die Naturwissenschaften. Oktober 1970). Philosophisch ist anzumerken, daß EIGEN ausdrücklich von G e s e t z e n spricht, ein von der unterschiedlichen Entscheidung der genannten Frage nicht betroffener Gesichtspunkt. EIGEN verwies jedenfalls auf den zur Verfügung stehenden ausreichenden Zeitfaktor, der für das Annehmen einer irreversiblen Gruppe von Mutationen in Subspezies spricht.

Soweit zunächst nicht der Nachweis der Evolution möglich oder notwendig ist, ein auch bei phytopathologischen Untersuchungen an Viren keineswegs immer notwendiger Sachverhalt, war das Untersuchen nach Merkmalen bereits zu einem wichtigen Instrument der Klassifikation geworden.

CAESALPINUS (1519 bis 1603) zog die Fortpflanzungsorgane hinsichtlich der Anzahl der Samen und der Samenfächer je Blüte sowie ihre Beziehung zur Mykropyle heran, um eine natürliche Klassifikation zu erhalten. Als Verwalter des Botanischen Gartens in Pisa fand er Muße zu systematischen

Untersuchungen. Philosophisch kann er als heterodoxer Aristoteliker oder radikaler Averroist bezeichnet werden. Anhänger des COPERNICUS, wie aus den ‚Peri pateticarum Quaestionum libri quinque', Venedig 1571 (L. 3, Q. 4) hervorgeht, setzt CAESALPINUS die materialistische Tendenz des Corpus Aristotelicum fort. Mit dem Beseitigen der von PLATON stammenden Entelechie, dem Vorherexistieren der Gestalt, gibt er den Körpern die Eigenschaft, Quantität und Qualität zu haben. B e i d e grundlegenden Eigenschaften sind damit i n die Materie verlegt. Als praktische Folge der Klassifikationsarbeiten anzusehen, gewinnen die quantitativ und topologisch erfaßten Merkmale der Fortpflanzungsorgane die Eigenschaft der qualitativen Kennzeichnung des untersuchten Organismus. Die Form oder Gestalt ist von der Materie als untrennbar aufgefaßt. Aus der Materie ist abgeleitet, die die Arten unterscheidenden Differenzen zur Explikation heranzuziehen (L. 1.1, Q. 6). PIERRE BAYLE berichtet am Anfang des 18. Jahrhunderts in seinem ‚Dictionnaire', CAESALPIN sei ein Repräsentant der Ansicht, die Arten seien ein Produkt der Natur (P. BAYLE, Historisches und kritisches Wörterbuch, Übersetzung von GOTTSCHED, Artikel CAESALPIN). CAESALPIN rückt für PIERRE BAYLE damit in die Nähe SPINOZAS. Er habe sich an den wahren Stifter der peripatetischen Schule zu eng angeschlossen und ARISTOTELES nicht wie die Scholastiker interpretiert. Wie der spätere SPINOZA sei CAESALPIN nicht geneigt, Strafen und Belohnungen n a c h diesem Leben anzuerkennen. Beide sind von BAYLE damit als pantheistische Atheisten gekennzeichnet. Den Menschen läßt CAESALPIN vom Menschen und der Sonne symbolisch ausgedrückt abstammen (CAESALPINUS, Peripateticarum Quaestionum 1571, Blatt 92 CD, Edition von 1593, Blatt 105), wobei ebenfalls ein Berufen auf ARISTOTELES erfolgt (Vgl. H. LEY, Geschichte der Aufklärung und des Atheismus, Band III. 1, Berlin 1976). Mit dem Beginnen neuerer, an Merkmalen konsequent orientierter botanischer Systematik ist ein weltanschaulicher Impuls verbunden, der eine innerweltliche Explanation der Dinge mit ersten Ansätzen entwicklungstheoretischer Überlegungen verbindet. Es handelt sich um eine Tradition, die sich in einigen Momenten der weltanschaulichen und methodologischen Interpretation fortsetzt.

Bei THEODOSIUS DOBSHANSKY ist vermerkt, daß erstaunlicherweise die Klassifikation der Organismen seit dem Aufkommen evolutionistischer Theorien einen überraschend geringen Wandel durchgemacht habe. Die Einteilung des Reiches der Tiere und Pflanzen, wie sie LINNÉ vorgenommen habe, sei unbeschadet des Entdeckens der großen Zahl von Formen, nur geringfügigen Modifikationen unterworfen worden. Die meisten Systematiker sähen diesen Sachverhalt ein, wenn auch die Repräsentanten anderer biologischer Disziplinen ihn häufig übersähen (TH. DOBZHANSKY, S. 305), ein durch den Vorschlag prokaryotischer Reiche kaum wesentlich tangiertes Faktum. DOBZHANSKY zieht den Schluß, daß die inzwischen angenommene Klassifikation keine willkürliche, sondern eine natürliche sei, die den objektiven Stand der Dinge wiedergebe (Ebenda). Gemeint ist damit nicht die Unveränderlichkeit der Einteilung in spezies, genus, Ordnung und Familie, ihre Aufspaltung oder Zusammenfassung, sondern die Anerkenntnis, ein gegebener Komplex von Formen bilde eine natürliche Gruppe, verschieden von anderen ähnlichen Komplexen oder Gruppen (TH. DOBZHANSKY, S. 306). Die damit gegebene Objektivität der Arten unterstrich ebenso ERNST MAYR, der sich über die Subjektivität höherer Kategorien in Anführungszeichen ausläßt (E. MAYR, Systematics and the Origin of Species, New York 1949, S. 281). Seine Unterscheidung zwischen lumpers und splitters und analog der zwischen Realisten und Idealisten trifft nicht vollständig, aber auch nicht beabsichtigt, den zwischen Materialisten und Idealisten. Vielmehr entspricht MAYRs Unterscheidung annähernd die zwischen materialistischen Empirikern und solchen naturwissenschaftlichen Materialisten, die den dialektischen Annäherungscharakter wissenschaftlicher Begriffe anerkennen. Als Idealisten sind von MAYR solche Theoretiker gekennzeichnet, die glauben, Quantität und Qualität der taxonomischen Differenzen reflektiere ‚ziemlich akkurat' den Grad der Verwandtschaft und müsse in einer entsprechenden Nomenklatur festgehalten werden. Die Realisten sähen ein, kein System der Nomenklatur vermöge adäquat den komplizierten Grad von Verwandtschaftsbeziehungen auszudrücken. Die höheren Kategorien gäben dementsprechend eine konventionelle Hilfe für das überbürdete Gedächtnis der Taxonomen (E. MAYR, S. 281: ‚The idealist believes that quantity and quality of taxonomic differences reflect rather accurately the degree of relationship, and that this, in turn, could and should be reflected in the nomenclature. He therefore creates a highly refined hierarchy of taxonomic units and terms. The realist, on the other hand, sees not that no system of nomenclature can adequately express the complicated intergrading degrees of relationship, and he therefore finds the higher categories primarily a convenient help for the badly overburdened memory of the taxonomic worker. This, generally, makes him a ‚lumper', as it is called in the professionel jargon of the taxonomists, that is, a person who prefers larger units to smaller ones, if there is a choice.'). Konventionalismus ist mit dieser Ansicht deshalb nicht verbunden, da der genauere Nachweis der engeren Zusammengehörigkeit durch das Heranziehen neuerer Mittel durchaus zu gelingen vermag. Als Analogon mag das Benutzen von Überlegungen der chemischen Paläogenetik gelten, die von LINUS PAULING auf eine Milliarde Jahre extrapoliert wurde. Ausgangspunkt waren die Polypeptid-Ketten von Wal-Myoglobin und des Hämoglobins von Pferd, Schwein, Gorilla und Mensch, wobei im Hämoglobin die Alpha, Beta, Gamma und Delta Ketten verglichen wurden. Es zeigte sich einschließlich des Wal-Myoglobins eine Konstanz der Amino-Säure-Radikale in elf Positionen. Wo heute große Differenzen der Polypeptid-Ketten festzustellen sind, nahm PAULING mehr als einen Mutationsschritt an, berechnet nach dem gegenwärtig gefundenen Unterschied der Aminosäure-Positionen. Eine bleibende Mutation benötigte danach etwa 12 Millionen Jahre, um in die Polypeptidkette eingefügt zu werden. Da die Anzahl der geschätzten Zeiträume sich als variabel erweist und gegenwärtig eher die Tendenz zu einer Expansion besitzt, lassen sich Schlüsse auf die Geschwindigkeit genetischer Veränderung der Arten und des Übergangs zu neuen Arten ziehen. EMILE ZUCKERKANDL betrachtet die biochemischen Charakteristika als fundamentaler denn die morphologischen (1965) Merkmale, womit auf die realistische Einschätzung auch der höheren Kategorien, wie sie MAYR vornimmt, verwiesen ist. Im Prinzip nimmt ZUCKERKANDL an, daß die selektiven Kräfte die Stabilität morphologischer Kennzeichen nicht zu sichern vermögen, ohne zugleich die Stabilität der biochemischen Merkmale herbeizuführen. Werden große Zeiträume in die Überlegungen einbezogen, dann heißt das nicht den Vorschlag eines Verzichts auf das Berücksichtigen kurzfristigerer erheblich gesicherter morphologischer Veränderungen, die innerhalb einer Art experimentellen Nachweis zugänglich sind, natürlich entstehen oder als Arteffekt auftreten.

MAYR präzisiert den Unterschied zwischen den ‚Idealisten' und den ‚Realisten', indem er grundsätzlich der Art ihre Realität zugesteht und die Frage auf die Grenzen der Genera verschiebt. Die Arten, so konstatiert er, seien oft nicht klar voneinander abgegrenzt und durch einen deutlichen Abstand gekennzeichnet, so daß die Abgrenzung zwischen ihnen häufig dem subjektiven Urteil anheimgegeben sei (E. MAYR S. 281). Als versuchsweise Definition der Gattung ist deshalb von MAYR die pragmatische Annahme vorgeschlagen, der Umfang der Kluft zwischen Gruppen von Arten vermutlich gemeinsamen phylogenetischen Ursprungs solle im umgekehrten Verhältnis zu der Größe der Gruppe stehen (E. MAYR S. 283: ‚A genus is a systematic unit including one species or a group of species of presumably common phylogenetic origin, separeted by a decided gap from other similar groups. It is to be postulated for practical reasons, that the size of the gap shall be inverse ratio to the size of the group.').

Deshalb wirft MAYR die Frage auf, wie geographische Isolierung morphologische Merkmale eines so weit gehenden Unterschiedes hervorrufen kann, daß der Eindruck entstehe, es handele sich um gute Arten (E. MAYR S. 165). Um einen genaueren Entscheid treffen zu können, schlägt MAYR bei Tier und Pflanze umfassendere taxonomische Untersuchungen vor, bei denen die Bedingungen der Existenz von species und subspecies besonders zu beachten seien. Die ‚Neue Systematik' trage der Sachlage Rechnung, daß die aktuelle Arbeit vorwiegend in Subspezies und Populationen vor sich gehe, die ‚Serie werde die grundlegende taxonomische Einheit' (E. MAYR S. 7). DOBZHANSKY diskutierte die organische Variation unter dem Gesichtspunkt der Diskontinuität (TH. DOBZHANSKY S. 4 f). Es existiere keine beliebige Wahrscheinlichkeitsverteilung (Ebenda S. 4: ‚If we assemble as many individuals living at a given time as we can, we notice at once that the observed variation does not form a single probability distribution or any other kind of continuos distribution.'), die von einer Art zur anderen kontinuierlich weiterschreiten lasse. J e d e wissenschaftliche Klassifikation von Organismen beruhe auf der Diskontinuität der organischen Variation. Die Formierung diskreter Gruppen sei so allgemein, daß man sie als fundamentales Charakteristikum organischer Verschiedenheit betrachten müsse (Ebenda S. 4/5: ,The discontinuity of organic variation has been exploited to devise a scientific classification of organisms. Evidently the hierarchical nature of the observed discontinuity lends itself admirability tho this purpose... Discrete groups are encountered among animals as well as plants, in those that are structurally simple as well as in those that are very complex. Formation of discrete groups is so nearly universal that it must be regarded as an fundamental characteristic of organic diversity.'). Die Möglichkeit, Arten zu unterscheiden, verweist bereits ganz allgemein auf die Tatsache, daß bloß einzelne der denkmöglichen Gestalten in der Natur verwirklicht sind. Soweit die Arten und Subspezies im Verständnis MAYRs engere oder weitere Zuordnung finden, ihre Grenzen und Übergänge bestimmt, ihre wechselseitige natürliche oder artifizielle geschlechtliche Fertilität zum Nachweis kommt, entsteht eine Vorstellung des Gestaltenreichtums und seiner Übergänge, aber auch der Kenntnis verwirklichter Formen und der zwischen ihnen vorhandenen Abstände, in denen sich keine Formen realisiert finden. Das Diskontinuierliche findet sich unbeschadet etwaiger genetisch fixierter Übergänge morphologisch und genetisch. Das Kontinuum findet sich in der aufeinanderfolgenden diskreten Entfaltung des Lebens und wiederholt sich teilweise mit den Mitteln der Diskontinuität unter den zu gleicher Zeit existierenden Spezies, ihren relativ konstanten Unterteilungen und ontogenetischen Manifestation der zu ihnen gehörigen Individuen. Die Serien repräsentieren die Verwirklichung kontinuierlicher Spektren und ihrer Reichweite. Soweit ihre einzelnen Individuen mit irgendwelchen Merkmalen aber unterschieden werden können, verweisen sie wieder auf die Diskretheit auch der einmaligen individuellen Erscheinung, die ihrerseits auf ein bestimmtes Charakteristikum auf einer bestimmten Stufe der Differenziertheit vorzufinden ist.

So objektiv sich die Diskretheit der biologischen Objekte auf jeder Klassifikationsstufe vorfindet, so bleibt trotzdem jeder charakterisierende Katalog von Eigenschaften, die Einteilungsstufen der Klassifikation kennzeichnen, begriffliche Darstellungen. Als die materielle Wirklichkeit abbildende Begriffe besitzen sie die Eigenschaften der Enge und Unvollständigkeit, der Elastizität, einen fließenden Charakter, widerspiegeln die objektive Welt und schaffen sie auch (vgl. W. I. LENIN Bd. 38 S. 203), bleiben unvollständig und annähernd, wie jede an die materielle Wirklichkeit heranführende, im Bewußtsein aufgenommene Gesetzmäßigkeit (W. I. LENIN ebenda S. 142). In den Diskussionen über den Artbegriff spiegelt sich die dialektische Widersprüchlichkeit des begrifflichen Denkens. Bloß auf einer der Seiten der kategorialen Mannigfaltigkeit der wissenschaftlichen Arbeit zu bestehen, entdeckt in dem Fortschritt des Naturwissens Inkongruenz der Sache. der Verfahren und der Divergenz der Ergebnisse, wie es sich in dem Strukturalismus FOUCAULTS und anderer zeigt. Mit der weiteren Entwicklung der Systematik, die in sich gegensätzlich verläuft, gelingt es mit dem Verfeinern der Klassfikation und umfassenderer Charakterisierung sowohl praktisch verwertbares Wissen zu bereichern als auch ein besseres Verstehen der Mechanismen der Evolution zu erreichen.

Anschrift des Verfassers: Professor Dr. H. LEY, Sektion Marxistisch-leninistische Philosophie der Humboldt-Universität, Bereich Philosophie-Wissenschaft, 108 Berlin, Universitätsstr. 3 b. DDR.

Diskussion

VENT, Berlin
Herr LEY hat uns u. a. in seinem Vortrag dargelegt, wie im Laufe der Geschichte der Artbegriff in der Botanik gebräuchlich wurde. Dabei wurde Caesalpinus apostrophiert, der den Entwicklungsgedanken bereits im 16. Jahrhundert mit seinen botanischen Arbeiten verband. Offenbar war die Zeit hierfür noch nicht reif, denn LINNÉ ging im 18. Jahrhundert zunächst noch von der Konstanz der Arten aus. Vielleicht kann uns Herr LEY als Philosoph und Historiker diesen Sachverhalt erläutern.

Weiter interessiert hier die Passage über die relativ willkürliche Auswahl bestimmter Merkmale für die Widerspiegelung bestimmter Seiten objektiver Strukturen und Prozesse. Wir werden diese Problematik sicher noch im Zusammenhang mit der biologischen Artkonzeption berühren. Es scheint mir aber notwendig, die allgemeine Bedeutung dieses grundlegenden Verfahrens im Rahmen des Erkenntnisprozesses etwas eingehender zu beleuchten.

LEY, Berlin
Diese Frage ist äußerst interessant, weil sie uns nämlich zeigt, wie wir immer wieder reflektieren müssen, daß sich das wissenschaftliche Herangehen nur mit einem Teilbereich der objektiven Realitäten in Beziehung setzen kann. Die Sehnsucht, Totalität zu erfassen, gelingt nicht durch den Versuch, tatsächlich alles aufzufassen, was es überhaupt auf dieser Welt gibt, was in einem bestimmten Regentropfen oder irgendeinem Kubikmillimeter irgendeines botanischen biologischen Substrates an Partikeln und Strukturen vorhanden ist. International wird gelegentlich, und zwar etwa in den USA, als Materialismus nur bezeichnet, wenn naturwissenschaftlich versucht wird, alle Erscheinungen gesellschaftlicher und in natürlicher Gestalt sich äußernder Art zurückzuführen bis auf die Molekül- und Atomfigurationen. Nun zeigt sich bereits ohne weiteres, daß ein solches Zurückführen prinzipiell unmöglich ist, da ja die Gestalten bei den Makromolekülen und bei den normalen Mikromolekülen nicht aufhören und man dann außerdem noch verlangt hätte, daß die speziellen Kernkonfigurationen jedes einzelnen Atoms berücksichtigt wür-

den. Das heißt, Erkenntnis vollzieht sich so, daß immer nur einzelne Schichten der Realität in ihren wesentlichen Strukturen zu erfassen sind. Darin besteht aber der objektive und absolute Fortschritt des Wissens, und nicht quer durch die Gesamtheit der Sache immer bis auf den, in diesem Falle atomistischen, Grund alles zu erörtern, selbst wenn es gelingen könnte soweit vorzudringen. Außerdem muß man feststellen, abgesehen von der Unmöglichkeit, eine solche Reduktion durchzuführen, daß auch der Sache damit nicht gedient ist. Für die Kenntnis eines Prozesses und ihrer Anwendung im menschlichen Handeln, betreffe das Züchtung oder irgendeinen gesellschaftlichen Prozeß, braucht man nur die Merkmale, die für den intendierten Objektbereich wesentlich, im Experiment relevant oder für sonstiges Handeln nötig sind. Nun wissen wir, daß immer, ganz gleichgültig in welcher Zeit wir uns befinden oder befinden werden, ein Ausschnitt der objektiven Realitäten sich zugänglich machen läßt. Die Anzahl möglicher Konfigurationen ist praktisch unendlich, das heißt: es können immer zu irgendwelchen Strukturen neue, andere Strukturbeziehungen angegeben werden, und zwar schon lange verstandene, nur bisher unbekannte, oder neu entstandene. Wenn wir irgendeine praktische Handlung durchführen, müssen wir immer damit rechnen, daß wir nur einen bestimmten Teil kennen, genau wie in jedem beliebigen anderen Sachverhalt gesellschaftlichen, gesellschaftspolitischen, technischen Handelns, im Maschinenbau, Elektrotechnik, Baustatik, ebenso aber in Mikrobiologie, Genetik und Systematik der Pflanzen oder Tiere. Soweit unser Handeln in Frage steht, ist alles das, was wir zugestandener oder unbewußter Maßen nicht kennen, durch unser Handeln abzufangen, soweit es uns gelingt. Also wir dehnen durch den wissenschaftlichen Fortschritt auch bei dem Arterkennen jeweils die von uns zu berücksichtigenden Merkmale aus, wie wir es brauchen, reduzieren sie auf ganz wenige, wenn wir damit auskommen, dehnen die Zahl der Merkmale wieder aus, wenn wir es für zweckmäßiger halten, und in diesem Hin und Her, in diesem Zickzack vollzieht sich dann zugleich der Prozeß, in dem unser Wissen tatsächlich wächst. In der Regel handelt es sich um ein jeweils progressives Moment des Kenntniserwerbs. Selbstverständlich gibt es immer wissenschaftliche Parteiungen. Die einen, die gerade ihre Erfolge mit der Reduktion von Merkmalen erreichten, werden sich gelegentlich gegen die wenden, die die Zahl der Merkmale ausdehnen wollen und bemüht sind, damit Erfolge zu erzielen. Umgekehrt kann es sich genauso verhalten. Praktisch gehört jede wissenschaftliche Arbeitsweise eben in den Strom des Fortschreitens und der Ausdehnung wissenschaftlicher Kenntnisse und auch der Möglichkeit ihrer weiteren Anwendbarkeit, es scheidet sich nur in dem Prozeß des wissenschaftlichen Fortschrittes — das ist jedenfalls meine Überzeugung — dasjenige aus, was eben dann schließlich nicht im wissenschaftlichen und rein pragmatischen Sinne nutzbringend gewesen ist. Dabei scheint es mir aber so zu sein, und das wird in einer ganzen Reihe von Disziplinen bestätigt, daß immer wieder neueste Probleme darin bestehen, alte Fragen wieder aufzugreifen. Keineswegs gibt es bloß eine sozusagen moderne Disziplin. Das durchdringt sich ständig. Im Grunde genommen gehört natürlich sehr viel Selbstüberwindung dazu, in einer Disziplin, in der man selbst arbeitet, nun sozusagen dem anderen zu konzedieren, daß dort auch sehr viele vernünftige Sachen gemacht werden können. Andererseits ist es so, daß nur in dem Aufeinanderprall der verschiedenen Auffassungen überhaupt sich neue Konzeptionen durchsetzen und dann das entsteht, was wir historisierend vom sicheren ruhigen Port der Betrachtung aus als den Fortschritt der Wissenschaften zu erkennen vermögen.

NÜRNBERG
Man sollte meiner Ansicht nach hierbei berücksichtigen, daß wir auf der einen Seite wesentliche Merkmale haben, die zur Erfassung der Spezies oder der taxonomischen Kategorien erforderlich sind, auf der anderen Seite in diesem Sinne eine ganze Reihe von Merkmalen als unwesentlich betrachten. Wenn wir aber uns mit der Dynamik einer Art und ihrer infraspezifischen Struktur beschäftigen, dann können Merkmale, die zunächst für die Charakterisierung der Art unwesentlich erscheinen, wesentlich werden. Wir haben ja zu berücksichtigen, daß im Zusammenhang mit einer Differenzierung bestimmter Gruppen bzw. der Herausbildung neuer Formentypen innerhalb einer Art nicht die morphologische Struktur allein eine Rolle spielt, sondern auch die Differenzierung bestimmter Genotypen. In diesem Zusammenhang ist sicher wichtig, zu berücksichtigen, daß eine Zurückführung der Struktur einer Art auf den molekularen Bereich meiner Ansicht nach nicht weiter führt.

Wir können die morphologische Gestalt einer Spezies, in der sie im Grunde genommen erfaßt wird, in der sie auch in der dynamischen Bewegung erfaßt wird, nicht darstellen, indem wir jetzt z. B. nur den Gengehalt formulieren, sondern es ist tatsächlich die Ausprägung des Gengehaltes absolut untrennbar von dem Areal, in dem eine Art ausgebildet wird, von den edaphischen und klimatischen Faktoren, unter denen sie existiert.

VENT, Berlin
Diese Seiten sind recht bedeutungsvoll, denn gegenwärtig konzentriert man sich doch allzusehr auf den Kern der Pflanzenzelle und vernachlässigt damit naturgemäß andere Seiten, die für uns mindestens ebenso relevant sind. Dieses Bekenntnis aus dem Mund einer Genetikerin zu hören, ist besonders erfreulich.

PASSARGE, Eberswalde
In seinem Vortrag betonte Prof. LEY, daß die beste Klassifikation jene sei, die die höchste Brauchbarkeit und wissenschaftliche Aussagefähigkeit erreicht, die neue Erkenntnisse vermittelt und eine Vorhersagemöglichkeit erlaubt. Das letzterwähnte entscheidende Kriterium einer Vorhersagemöglich-

keit bedeutet letztendlich theoretische Konstruktionen, die sich aus Schlußfolgerungen, Verwandtschaftsbeziehungen usw. ergeben. Dem entgegen steht die klare Erkenntnis, daß es keine beliebige Wahrscheinlichkeit gibt, daß nicht alles, was theoretisch möglich ist, auch in der Natur verwirklicht wird.

Meine Frage lautet, wie lassen sich beide Feststellungen vereinigen bzw. wie ist es möglich, sogenannte Klüfte vorherzusehen bzw. echte Vorhersagen zu treffen, auf Erscheinungen, die in der Natur faktisch auch verwirklicht sind? Ich denke dabei weniger an Arten, sondern als Vegetationskundler an Pflanzengesellschaften, aber dies ist theoretisch wohl kein entscheidender Unterschied.

LEY, Berlin
Diese Frage nach der Vorhersage enthält mehrere interessante Momente. Historisch – ich neige immer wieder zu historischer Betrachtungsweise – scheint es genau umgekehrt zu sein. Man hat zunächst angenommen, es gäbe kontinuierlich eine Verwirklichung sämtlicher möglicher Formen in der Natur. Und widergespiegelt hat sich diese Vermutung in dem bekannten Ausspruch von LEIBNIZ, die Natur mache keine Sprünge.

Das war die Wiedergabe nicht der speziellen LEIBNIZschen Auffassung, sondern einer allgemeinen, in mehreren Jahrtausenden entstandenen Überzeugung, daß man stets, wenn man nur richtig suche, irgendeine Gestalt finde, die als Zwischenform aufzufassen sei, so daß das Entdecken von nicht realisierten Folgen innerhalb im Denken erfaßbarer Kontinuität als empirisches Resultat zu werten ist. Naheliegend war zunächst, Kontinuität anzunehmen, und erst als man fand, daß Diskontinuität in Gestalt solcher Lücken vorlägen, akzeptierte man den nun in der Beobachtung nur experimentell erhärteten Sachverhalt. Ich zitiere dementsprechend DOBZHANSKY. Dabei kann man sogar folgendes noch feststellen: Bei DEMOKRIT findet sich auf diese Diskontinuität zum ersten Mal hingewiesen, indem er anzunehmen verlangte, daß Atome existieren, also unterhalb der Sichtbarkeit winzige kleinste Teilchen vorhanden seien. Das sind auch Diskontinuitäten. Man lehnte sie vor allem deswegen ab, weil man in der visuellen Welt mehr Kontinuitäten als Diskontinuitäten zu sehen meinte, d. h. auch das, was man sieht oder nicht sieht, das hängt davon ab, wie der Stand überhaupt der wissenschaftlichen Forschung ist. Wenn also nun gesagt wurde, es seien bestimmte Formen nicht realisiert in der Wirklichkeit oder nicht existenzfähig, wenn sie etwa durch Mutation entstehen, dann ist das einer der Standpunkte, wie er sich heute ergibt. Aber wenn Sie Populationen untersuchen, dann ist es ja gerade das interessante, daß sich durch die Subspezies eine ganze Reihe kontinuierlicher Folgen herausbilden, und es kann geschehen trotz der allgemeinen weltanschaulich-methodologischen Einsicht, daß es solche nicht verwirklichten Räume in der Natur gibt, trotzdem gerade die Kontinuität im Vodergrund steht, um die verschiedenen Gradationen zu untersuchen. In empirischen Disziplinen ist Vorhersage nicht bloß logisch bestimmt. Solche

Gegensätze schließen sich also nicht aus, sondern sind auch vom Stand des Forschungsgebietes und den sich daraus ergebenden Aufgaben abhängig.

HANELT, Gatersleben
Ich wollte zu der Vorhersagbarkeit oder zu dem prädiktiven Wert der Systeme vielleicht noch etwas hinzufügen. In der Botanik oder der Biologie ganz allgemein versteht man doch darunter die Tatsache, daß man durch die Angabe der taxonomischen Einordnung, Stellung und Rangstufe eines Organismus, ohne daß man selbst diesen Organismus kennt oder ihn in der Hand hat, mit einer hohen Wahrscheinlichkeit Aussagen über seine Merkmale und Eigenschaften machen kann. Je prädiktiver ein System ist, als desto natürlicher können wir es bezeichnen, da es dann einen höheren Grad an Voraussagbarkeit besitzt. Faktisch sind diese Dinge in den letzten Jahren in vielen Fällen gerade durch biochemische Untersuchungen praktiziert worden. Es ist eine Erfahrungstatsache, daß die Biochemiker z. B., wenn sie Pflanzen mit einem hohen Gehalt an Steroid-Alkaloiden suchten, sie eben dann diejenigen Gruppen getestet haben, von denen bereits bekannt war, daß dort derartige Verbindungen vorkamen, also bei Dioscorea oder bei bestimmten Solanaceen. Und es hat sich doch in der überwiegenden Mehrzahl der Fälle gezeigt, daß die existierenden Systeme einen derart prädiktiven Wert besaßen, daß man mit ihrer Hilfe derartige Untersuchungen durchaus erfolgreich machen konnte.

In diesem Zusammenhang wollte ich noch etwas auf die Frage der natürlichen Systeme eingehen, die in dem Vortrag von Professor LEY mehrfach angeschnitten wurde, und ich wollte mich eigentlich beschweren über die Art und Weise der Festlegung oder der Definition des natürlichen Systems. Wenn ich Sie recht verstanden habe, bezeichnen Sie alle Systeme als natürlich, deren Klassifikationskriterien auf objektiven Gegebenheiten beruhen. Das ist aber für einen Biologen nicht ausreichend, denn unter diesen Aspekten gäbe es eigentlich überhaupt keine nicht-natürlichen Systeme, und unter diesem Aspekt wäre dann auch das LINNÉsche System natürlich, denn es beruht ja auf den objektiven Unterschieden in der Zahl der Staubgefäße, der Fruchtknoten usw. Derartige Systeme bezeichnen wir als künstlich und meinen damit Systeme, die auf einem oder wenigen Merkmalen beruhen oder die für ganz spezielle Zwecke, wie z. B. auch das von Ihnen angeführte Prinzip der Unterscheidung nach Wasserpflanzen und Landpflanzen usw. dienen. Jetzt komme ich auf das eben gesagte zurück: Das natürliche System im biologischen Sinne ist jenes, das einen optimalen prädiktiven Aussagewert besitzt, d. h., das auf einer optimalen Merkmalsübereinstimmung beruht und deshalb also einen sehr hohen Grad von Voraussagbarkeit über Merkmalsstrukturen und Besitz von Merkmalen hat, die man bisher noch nicht kennt.

LEY, Berlin

Ich habe gegen Ihre Ausführungen nichts einzuwenden. Das ist ja eben das Merkwürdige an der Sache, klassifizieren können sie immer nach Merkmalen und verschiedene Schichten quer durch die unendliche Mannigfaltigkeit ziehen. Man müßte also hier unterscheiden zwischen natürlichen und „natürlicheren" Systematiken, gemeint als fast schon scherzhafte Klassifikation. Meiner Auffassung nach ist das, was jetzt vom philosophischen Standpunkt her als natürlich aufgefaßt werden könnte, ausschließlich die sich kenntnismäßig entwickelnde, genetische, stammesgeschichtliche Verknüpfung. Mit dem Entwickeln entsprechender Kenntnisse approximieren sie an die historisch verlaufenden Strukturen, und man muß ständig darauf gefaßt sein, irgendwelche neuen Verzweigungen zu finden. Aber andererseits sind natürlich auch als zueinander gehörig bezeichnete Kategorien schon Angelegenheit der Klassifikation, die objektive und subjektive Momente enthält. Wenn wir also feststellen, natürlich sei das, was mehr prädikativen Wert besitzt – wie Sie andeuteten –, dann gehen Sie davon aus, daß Sie damit in Ihrem gesamten Forschungsbereich am weitesten vorwärts kommen. Aber natürlich, wenn Sie jetzt die Worte pressen, kann das der andere Kollege, der eine völlig andere Klassifikation zu einem bestimmten Zweck braucht, genauso sagen, weil sich damit nämlich für sein Fachgebiet auch eine Voraussagemöglichkeit ergibt. Im Grunde genommen ist jedes Klassifizieren eine Angelegenheit des Menschen, wie überhaupt jede wissenschaftliche Arbeit. Wir sind zwar Geschöpfe der Natur, aber wir gestalten in unserem Bewußtsein innerhalb irgendwelcher gesellschaftlicher Konnexe irgendwelche gedanklichen Systeme, die wir dann in dieser oder jener Weise anzuwenden suchen. Die damit zu erzielenden Erfolge testen den objektiven Gehalt unserer Einsichten. Insofern ist alles das, was wir formulieren, im menschlichen Bewußtsein gewonnener Begriff, der irgendwelche Seiten der Objektivität dieser Realitäten widerspiegeln will. Durch die mit Voraussagefähigkeit befrachteten Systeme, also die wirklich natürlichen, wenn ich das jetzt mal so sagen darf, kommen Sie eben weiter. Aber es zeigt sich, daß ohne Rücksicht darauf, ob LINNÉ nun tatsächlich Deszendenz annahm oder erst in der letzten Auflage eine Veränderung der Arten überhaupt in den Gedankenkreis einbezog, unabhängig davon und unabhängig von den Fortschritten der gesamten Genetik und Molekularbiologie, die alte Systematik trotzdem bereits so wesentliche Strukturen gefunden hat, daß im Grunde Modifikationen im wesentlichen dann nur eingetreten sind, als die stammesgeschichtlichen Untersuchungen hinzugekommen sind. Das ist eben das Merkwürdige: weltanschaulich ist dann der Übergang zu weiteren Querverbindungen in der Horizontalen und Vertikalen durchaus von Bedeutung. Aber man sollte immer daran denken, daß jede naturwissenschaftliche Untersuchung ein gärendes Moment der Entwicklung in der Gesellschaft darstellte, und zwar auch in der Zeit, die noch keine Evolutionsideen hatte, genauso wie in der Zeit, die Evolutionstheorien geradezu zu einem charakteristischen Unterscheidungsmerkmal z. T.

verschiedener wissenschaftlicher Konzeptionen werden ließ. Im Grunde prägt jede Wissenschaft Begriffe, die ihrem wechselnden Gegenstandsbereich entsprechen, und dazu gehört auch die Unterscheidung zwischen natürlichem und artifiziellem System. Wenn jetzt von einer anderen Disziplin aus zu einem solchen Sachverhalt etwas gesagt wird, da entsteht eine andere Begriffsbelegung und damit andere Bedeutung. Aber im Grunde genommen fügt sich das zueinander, und es sind nicht so scharfe Gegensätze, wie es vielleicht manchmal zunächst den Anschein haben sollte, wenn so verschiedene Definitionen gewählt werden.

Anmerkung:

FOUCAULTs Klassifikationsbeispiel entstammt einem Essay des argentinischen Schriftstellers JORGE LUIS BORGES, Die analytische Sprache JOHN WILKINS'. In: Das Eine und die Vielen, München 1966, S. 212.

Aus dem Bereich Botanik und Arboretum des Museums für Naturkunde an der Humboldt-Universität zu Berlin

Fortpflanzungsformen und Artbegriff

WALTER VENT

Das Forschungsfeld der botanischen Systematik ist das supraorganismische Niveau der evolutionären Organisation der Pflanzenwelt. Die Untersuchungen umfassen Genese, Struktur und Dynamik natürlicher Abstammungsgemeinschaften, die mit Hilfe der Klassifikation bestimmter taxonomischer Einheiten, den taxonomischen Kategorien, z. B. Familie, Gattung, Art, Unterart, Varietät und Form zugeordnet werden. So entsteht mit dem schrittweisen Erkenntniszuwachs ein System, das annähernd wesentliche Seiten der objektiven Realität, d. h. Struktur und Dynamik der Sippen als Taxa widerspiegelt. Jede Klassifikation ist eine Hypothese, die im Falle neuer Erkenntnisse über eine bestimmte Sippe in Frage gestellt, ergänzt bzw. verbessert wird. Dieses Verfahren der angenäherten Erkenntnis über Genese, Struktur und Dynamik pflanzlicher Sippen verläuft seit Jahrhunderten auf der Basis vertiefter theoretischer Grundlagen mit einem ständig erweiterten und präzisierten methodischen Repertoire. Damit ist zwangsläufig auch eine Entwicklung bestimmter Begriffe verbunden, wie z. B. des Artbegriffes.

Im hierarchischen Kategoriengefüge spielt die Art seit Beginn der botanischen Systematik eine zentrale Rolle, die auch heute anerkannt ist. Trotz ihrer Ungleichwertigkeit ist die Art eine universelle systematische Kategorie. Die Ungleichwertigkeit bezieht sich selbstverständlich nicht nur auf die „weite" oder „enge" Fassung des Artbegriffes, sondern auch auf andere noch zu erwähnende inhaltliche Seiten.

Der Frage der Universalität und Ungleichwertigkeit der Arten wird mit Recht grundsätzliche Bedeutung beigemessen. In jüngster Zeit hat sich T. ABDYLDAJEW (1971) in der Arbeit „Der Artbegriff in der modernen Biologie" hierzu umfassend geäußert.

Wenn wir erkennen, daß Pflanzensippen evolutionär entstehen, sich differenzieren und in diesem dynamischen Geschehen ständig in Wechselwirkung mit biotischen und abiotischen Faktoren ihrer Umwelt befinden, so erkennen wir auch die Relevanz der Evolutionstheorie für unser Artproblem und die Fragen der Widerspiegelung der infraspezifischen Struktur und Dynamik. Die moderne synthetische Theorie der Evolution ist eine wesentliche Grundlage für das Verständnis der Arten. Die genetische Variabilität ermöglicht die Evolution. Demzufolge ist eine Beschäftigung mit Artproblemen notwendigerweise mit einer Beschäftigung der genetischen Variation der evoluierenden Einheiten, den Populationen verbunden.

Wir können deshalb die Art allgemein als ein Populations-System auffassen. Es gilt dabei Ursachen und Quellen der Variation, ebenso wie ihre Erscheinungen und Auswirkungen im evolutionären Differenzierungsprozeß zu ergründen. In diesem Zusammenhang spielen meiner Ansicht nach die Fortpflanzungsformen im Rahmen der Entstehungsweisen der Sippen eine wesentliche Rolle (VENT 1967, 500). Nach ROTHMALER (1955, 92) muß man sich hüten, „die verschiedenen Entstehungsweisen neuer Sippen bewußt oder unbewußt zu verschiedener Bewertung zu verwenden". Auf Seite 100 (l. c.) heißt es weiter: „Für die Begründung taxonomischer Einheiten hatten wir ja nicht die Art ihrer Entstehung, sondern ihr geographisch-morphologisches Verhalten als wesentlich erachtet." Diese Zitate sind sehr aufschlußreich und selbstverständlich aus der Zeit heraus zu verstehen.

Unter „Fortpflanzung" wird nach RIEGER & MICHAELIS (1958, 186 f.) „die Erzeugung von Nachkommen, d. h. die Fähigkeit eines Individuums, über verschiedene Prozesse aus sich selbst seinesgleichen entstehen zu lassen" verstanden. Wir gehen etwas über den Begriff „Fortpflanzung" hinaus und beziehen blütenökologische Verhältnisse sowie Erzeugung und Verbreitung von Diasporen in unsere Betrachtungen mit ein. Im Differenzierungsprozeß der Sippen tragen sie wesentlich zu der Mannigfaltigkeit bei, die in entsprechenden Variationsmustern manifest wird und uns immer wieder in Erstaunen versetzt.

Zwischen den sehr unterschiedlichen Entstehungsweisen der Sippen und ihren natürlichen Variationsmustern besteht ein enger Zusammenhang mit dem wir uns im Rahmen der taxonomischen Arbeit je nach Zielsetzung, Möglichkeit und Notwendigkeit zu befassen haben. In diesem Erkenntnisprozeß dringen Taxonomen unterschiedlich tief in die Struktur und Dynamik der Sippen ein und bemühen sich, die von ihnen erkannten Beziehungen und Zusammenhänge objektiv widerzuspiegeln. So können von ein und derselben Sippe unterschiedlich reflektierte „Bilder = Taxa" entstehen, die verschiedene Stufen des Erkenntnisprozesses darstellen und zur Synthese gebracht werden müssen. Gehen wir einmal davon aus, daß die Differenzierung von Sippen in Abhängigkeit von den genetischen Grundlagen des Systems und den Sippe—Umwelt—Relationen in jeweils spezifischer Weise erfolgen, so sind solche Differenzierungen anhand von Parametern feststellbar, die Ausdruck entsprechender Prozesse sind, wie z. B.

raum-zeitliche
morphologisch-anatomische
ökologisch-biologische
karyologisch-zytogenetische
stofflich-physiologische
edaphisch-klimatische.

Bei taxonomischen Analysen kann man solche Parameter in recht unterschiedlicher Weise korreliert finden. Am besten bekannt sind raum-zeitlich-morphologische Differenzierungen, die mit Hilfe der geographisch-morphologischen Methode nach WETTSTEIN (1898) analysiert werden. Auf diese Weise gewinnt man auch heute noch fundamentale Erkenntnisse über die Kontinuität und Diskontinuität der Variation von Pflanzensippen. Als Ergebnis kontinuierlicher Variation finden wir klinale Veränderungen bestimmter quantitativer Merkmale bzw. Merkmalsgradationen. Diskontinuierliche Variation bringt neben quantitativen Veränderungen bestimmter Merkmale vor allem qualitative Veränderungen. Sie ist eine der Voraussetzungen für die wissenschaftliche Klassifikation von Pflanzensippen als natürliche Einheiten. Nach DOBZHANSKY, TH. (1937, 4 f.) ist die Formierung diskreter Gruppen so allgemein, daß man sie als fundamentales Charakteristikum organischer Verschiedenheit betrachten muß.

Auf den Erkenntnissen raum-zeitlich-morphologischer Differenzierungen aufbauend, lassen sich weitere Parameter je nach der Zielsetzung analysieren und gestatten, bestimmte relevante Seiten des evolutionären Geschehens im Binnenbereich pflanzlicher Arten widerzuspiegeln. Eine mit solchen Methoden vertiefte und präzisierte Kenntnis der Sippenstruktur kann natürlich Auswirkungen bei der Widerspiegelung der Art bzw. der infraspezifischen Einheiten im Rahmen der Klassifikation haben, falls die zur Verfügung stehenden Kategorien hierzu ausreichen. Andererseits muß aber unsere immer tiefer reichende Erkenntnis der evolutionären Prozesse notwendigerweise die Entwicklung des Artbegriffs nach sich ziehen.

Als Folge unterschiedlicher Arbeitsweisen werden mit dem Begriff „Art“ unterschiedliche Anschauungen verbunden, wie sie in der „taxonomischen Artkonzeption“ (oder besser „geographisch-morphologischen Artkonzeption“) und der „biologischen Artkonzeption“ (V. GRANT 1971) zum Ausdruck kommen. Beide Artkonzeptionen bestehen nebeneinander und entsprechen unterschiedlichen Erkenntnisniveaus. Die „taxonomische Artkonzeption“ beruht im wesentlichen auf morphologischen und chronologischen Diskontinuitäten. Sie lehnt sich noch am stärksten an den LINNÉschen Artbegriff an. Bereits im 18. Jahrhundert wurde klar, daß auch die Art LINNÉs nicht immer scharf begrenzt ist, sondern morphologisch beträchtlich variiert und sogar ökologische Unterschiede zeigt. ERHARDT (1788) erkannte solche Variationen innerhalb der Arten auf unterschiedlichen Ebenen und schlug die Kategorie „Unterart“ zur Bezeichnung von geographischen Rassen vor, die aus Varietäten oder kleinen geographischen Rassen zusammengesetzt sind.

Diese Lösung erforderte keine Veränderung der LINNÉschen Artkonzeption. In der Folgezeit wich man jedoch beim Studium solcher Variationen von der klassischen Methode ab und benutzte die Kategorie „Art“ nicht nur im Sinne LINNÉs, sondern auch für geographische Variationen. Dieser Trend erreichte etwa seinen Höhepunkt, als SENDTNER (1854) zwei morphologisch sehr ähnliche ökologische Rassen von *Pinus montana* als eigene

Arten bewertete, nämlich *Pinus pumilio* (in Sümpfen) und *Pinus mughus* (auf Kalk).

KERNER (1866) erkannte, daß die Schwierigkeit der morphologischen Unterscheidung von LINNÉschen Arten und deren infraspezifischen Kategorien die Folge eines kontinuierlichen Prozesses ist. Er setzte die Tendenz fort, die Kategorie Art für kleinere Gruppen LINNÉscher Arten zu verwenden.

WETTSTEIN (1895, 1896 a, 1896 b, 1898) erweiterte die Studien KERNERs (*Euphrasia* und *Gentiana*) und erarbeitete weitere Details über den raumzeitlichen Effekt der Evolution. Er benutzte die Kategorie Art ebenfalls nicht nur im Sinne des LINNÉschen Standards, sondern auch für nahe verwandte kleinere Einheiten von zweifellos jüngerem Ursprung, schon bei geringem chorologischem Unterschied. Die geographisch-morphologische Methode übte einen nachhaltigen Einfluß auf Taxonomen in ganz Europa aus. In diesem Zusammenhang ist ein Bekenntnis von W. L. KOMAROV (1934) im Vorwort der Flora der SSSR sehr aufschlußreich: „Es war leicht, kurze Artdefinitionen zu geben, solange die Art als stetig angesehen wurde. Aber mit dem Auftreten und der Festigung der Evolutionslehre und der allmählichen Aufdeckung der Dialektik übereinstimmender Prozesse in der Natur, wurde es außerordentlich schwer, das ewig unbeständige Wesen der Art in eine feste Form zu bringen. Das ist um so schwerer als die Erscheinung ‚Art' in den verschiedenen Pflanzengruppen unbeständig ist."

Diese Tendenz zur Aufteilung der Arten im Sinne LINNÉs und die kleinere Einheit auch bei nur schwacher morphologischer Variation und geringer chorologischer Abweichung als Arten zu klassifizieren, ist in der KOMAROV-Schule sehr ausgeprägt und hat sich demzufolge entsprechend in der Flora der SSSR niedergeschlagen.

Nach LÖVE (1962, 129) wurde „eine eindeutige Rückkehr zum LINNÉschen Standard" durch die neue „biosystematische" Methode erreicht. Darunter versteht LÖVE (l. c.) „das Studium taxonomischer Kategorien und ihrer Verbreitung, gegründet auf den analytischen und synthetischen cytogenetischen Methoden, kombiniert mit den klassischen morphologischen und chorologischen Bemühungen." Wesentliche Grundlagen für das Verständnis der Arten als Populationssystem in bezug auf ihre Genese, Struktur und Dynamik sind in der synthetischen Theorie der Evolution (STEBBINS 1968) zusammengefaßt. Diese theoretischen Grundlagen vermitteln einen Einblick in das evolutionäre Geschehen der Organismen und sind damit unentbehrlich für die Arbeit botanischer Taxonomen sowohl bei der Abgrenzung systematischer Einheiten auf dem Artniveau, als auch im infraspezifischen Bereich. Von den fünf wesentlichen evolutionären Grundprozessen spielt für die Herausbildung natürlicher Abstammungsgemeinschaften die reproduktive Isolation die bedeutendste Rolle. Sie verhindert oder schränkt den freien Genaustausch der evoluierenden Einheiten in Abhängigkeit insbesondere vom Fortpflanzungssystem in unterschiedlichem Maße ein. Die reproduktive Isolation spielte als Teil der Art-Definition bereits bei RAY 1686 eine Rolle und ist integrierender Bestandteil der DE CANDOLLschen Definition (1813).

Die klarste und praktischste Art-Definition, die obendrein sowohl für Tiere als auch für Pflanzen anwendbar ist, hat MAYR (1940) im Zusammenhang mit seinen Studien über Vögel formuliert: „A species consists of a group of populations which replace each other geographically and of which the neighbouring ones integrade or interbreed whereever they are in contact or which are potentially capable of doing so (with one or more of populations) in those cases where contact is prevented by geographical or ecological barriers."

1942 reduzierte MAYR diese Definition auf den Satz: Species are groups of actually or potentially interbreeding natural populations, which are reproductively isolated from other such groups."

Apomikten sollen damit nicht erfaßt werden.

Wie wirken sich nun diese beiden Art-Begriffe bei fortschreitender Erkenntnis in der taxonomischen Praxis aus? V. GRANT (1971, 34) hebt hervor, daß bei vielen Sippen, die auch mit modernen Methoden untersucht wurden, eine gute Übereinstimmung der Kriterien für die „biologische Art" und die „taxonomische Art" gefunden wurden, während andererseits auch viele Fälle bekannt geworden seien, in denen die Kriterien beider Artbegriffe nicht übereinstimmten. Zu der Frage, welches Kriterium man in diesen Fällen zugrunde legen solle, gäbe es unter den Biologen keine allgemeine Übereinstimmung. Zur Klärung der Anwendung des Terminus „Art" wurden Vorschläge gemacht, z. B. von GILMOUR & HESLOP-HARRISON (1954), die den Begriff „Art" für die formale taxonomische Anwendung reservieren möchten, und für die in diesen eingeschlossenen sexuell reproduzierenden Gruppen in der Natur schlagen sie die Bezeichnung „Hologamodeme" vor. Es wurde auch vorgeschlagen (V. GRANT 1957), den Begriff „Art" im biologischen Sinn anzuwenden und einen neuen binomalen Terminus für die Einheit der formalen Klassifikation vorzusehen. Einen Ausweg aus dieser „semantischen Sackgasse" sehen CAIN (1954, Ch. 7) und V. GRANT (1963, 342), indem sie vorschlagen, beide Artbegriffe, den taxonomischen und biologischen, anzuerkennen, so wie sie sich entwickelt haben. Wenn man z. B. im Lichte der Unterscheidung dieser beiden Typen von Arten den Fall der „sibling species" betrachtet, diese Bezeichnung stammt von MAYR (1942) (= Doppelarten, Geschwisterarten, Zwillingsarten), so sind diese gute biologische Arten, die von denen anerkannt werden können, die an ihrem genetischen oder ökologischen Verhalten interessiert sind. Andererseits kann die ganze Geschwisterarten-Gruppe gleichzeitig als eine einfache taxonomische Art behandelt werden (V. GRANT 1971, 36).

Der Vorschlag, beide Artbegriffe nebeneinander bestehen zu lassen und je nach Notwendigkeit den einen oder den anderen anzuwenden, ist praktikabel. Er entspricht den bei unterschiedlichen taxonomischen Arbeitsweisen erreichten Erkenntnisstufen. Ein bedeutender Teil der taxonomisch arbeitenden Botaniker analysiert Pflanzensippen nach ihren raum-zeitlichen und morphologisch-anatomischen Differenzierungen. Die auf dieser Stufe erzielten Erkenntnisse sind von fundamentaler Bedeutung und entsprechen dem taxonomischen Artbegriff. Der biologische Artbegriff ist erst sinnvoll anwendbar, wenn im Bereich sexuell reproduzierender Arten darüberhinaus bei der Analyse die von MAYR (1940, 1942) formulierten Kriterien berücksichtigt werden können. Die biologische Artkonzeption berücksichtigt nur die sexuell reproduzierenden Sippen und schließt diejenigen mit asexueller und apomiktischer Fortpflanzung aus. Diese Tatsache wirkt sich bei konsequenter Anwendung in der Praxis des Erkenntnisprozesses insofern hemmend aus, als bei manchen Arten sexuelle und asexuelle Fortpflanzung nebeneinander vorkommen. Die biologische Artkonzeption entspricht demnach nicht allen in der Natur vorkommenden Fortpflanzungsformen und teilt die organische Welt in biologische Arten und „Nichtarten“ ein.

D. W. WEBER-OLDECOP (1971) berichtet „Über die Verbreitung der Geschlechter von *Stratiodes aloides* L.“, daß beide Geschlechter der diözischen Art ungleich im w-europäischen Areal verbreitet sind: in England und Skandinavien sind nur weibliche Individuen gefunden worden, während im nördlichen M- und O-Europa beide Geschlechter vorkommen. Untersuchungen der Krebsscheren-Gesellschaft im Allertal hinsichtlich der Verteilung der Geschlechter ergab in 52 Altwassern folgendes Bild:

in 50 Altwassern nur ♂ Individuen
in 1 Altwasser (bei Stedden) nur ♀ Individuen
in 1 Altwasser (bei Stedden) ♀ und ♂ Individuen

Mit dieser räumlichen Verteilung ♀ und ♂ Individuen hat ein neuer Evolutionsabschnitt im Binnenbereich von *Stratiodes aloides* L. im w-europäischen Areal der Art begonnen. Er ist gekennzeichnet durch das gleichzeitige Wirksamwerden von sexueller und asexueller Fortpflanzung in unterschiedlichen Biotypen der Art und beruht u. a. auf den öko-physiologischen Unterschieden zwischen ♀ und ♂ Pflanzen. Das opportunistische adaptive Verhalten der beiden Geschlechter führte zu dem geschilderten Verteilungsmuster.

Die Populationen jedes der beiden Geschlechter pflanzen sich in den voneinander getrennten Biotopen nunmehr eineltrig fort mit allen evolutionären Folgen für die Struktur und Dynamik der Art, die die eingeschränkte Variabilität dieser Fortpflanzungsform mit sich bringt.

Über ähnliche Verhältnisse bei *Petasites hybridus* (L.) A. M. SCH. in England berichten D. BRIGGS & M. WALTERS (1969, 138). Auch mit dieser Problematik zeichnen sich die Grenzen der biologischen Artkonzeption ab. Es geht also um die Entwicklung einer Artkonzeption, die allen evolutionären Prozessen mit ihren sehr unterschiedlichen Fortpflanzungsformen Rechnung trägt, d. h. die neben den sexuellen Fortpflanzungsformen auch die vegetative Vermehrung (die neuen Pflanzen entwickeln sich aus Knospen der Mutterpflanze) und die Agamospermie (die neue Generation von Pflanzen entwickelt sich an der Mutterpflanze aus Samen, die ohne Befruchtung entstehen), also die eineltrigen Fortpflanzungsformen berücksichtigt. G. G. SIMPSON (1951) hat eine „evolutionäre" Artkonzeption vorgeschlagen, um die Beschränkungen der biologischen bzw. genetischen Artkonzeption aufzuheben. Unter dem Eindruck der Arbeit von P. A. MEGLITSCH (1954) hat G. G. SIMPSON (1961, 153) die evolutionäre Art wie folgt neu definiert: „An evolutionary species is a lineage (an ancestral—descendant sequence of populations) evolving separately from others and with its own unitary evolutionary role and tendencies."

Das letzte halbe Jahrhundert hat eine Fülle neuer Erkenntnisse über mikroevolutionäre Prozesse in der Pflanzenwelt gebracht, die hauptsächlich mittels experimenteller Methoden erzielt wurden. Sie haben strukturelle Feinheiten zutage gefördert, die für das Verständnis des Differenzierungsprozesses auf der Artebene und im Binnenbereich der Art von großer Bedeutung sind. Sie gehören unter Begriffen wie Allopolyploidie, Autopolyploidie, Aneuploidie, Agmatoploidie, Dysploidie, Komplexheterozyotie, Hybridisation, Introgression u. a. zu jenen modellartigen Erscheinungen, mit denen Evolutionsforscher und Taxonomen heute ständig in Berührung kommen. Im Mittelpunkt steht hier die Analyse des Zellkerns, der Zahl und Morphologie des Chromosomenkomplements, des Paarungsverhaltens während der Meiose und der Feinstruktur. Diese Merkmale sind nicht isoliert, sondern in engem Zusammenhang mit dem gesamten Differenzierungsgeschehen der evoluierenden Einheit zu sehen. DARLINGTON (1957, 27) äußerte dazu treffend: „Ein wichtiger Abkürzungsweg ist der Gebrauch von Chromosomenuntersuchungen, denn sie enthüllen sofort drei wichtige Eigenarten: nämlich die Varationsmuster innerhalb der Gattungen, die Entstehungsweisen von Arten und die Fortpflanzungsformen von Individuen."

Für die strukturellen Feinheiten im Binnenbereich der Art stehen uns zur Klassifizierung der infraspezifischen taxonomischen Kategorien Subspecies, Varietas und Forma zur Verfügung. Die Erfahrungen haben aber gezeigt, daß diese taxonomischen Kategorien zur Widerspiegelung der gewonnenen Feinheiten nicht immer ausreichen. So kamen mit dem Erkenntniszuwachs auf experimentellem Wege zahlreiche Vorschläge für neue sogenannte „experimentelle Kategorien" (W. F. GRANT 1960, 252 ff.). Diese Kategorien beziehen sich auf bestimmte Kriterien, wie z. B. des asexuellen Reproduktions-Systems, des Fertilitäts-Sterilitäts-Systems und des ökologischen Systems. Sie haben sich für das Verständnis und die Darstellung mikroevolutionärer Prozesse als heuristisch wirksame Mittel erwiesen, deshalb sollen im Folgenden einige von ihnen erwähnt werden.

Unter Syngameon (LOTSY 1931) sind alle Arten zu verstehen, welche durch häufige oder gelegentliche Hybridisation miteinander verbunden sind.

Bastardkomplexe (n. V. GRANT 1953) werden Gruppen von Arten genannt, die dadurch gekennzeichnet sind, daß die morphologischen Unterschiede zwischen den ursprünglichen diploiden Typen durch Hybridisation verwischt wurden.

Mit ansteigender taxonomischer Komplexität werden unterschieden:

1. Homogame Komplexe

   Bastarde im Allgemeinen diploid, sexuell und Meiose normal. In der F_1 vorhandene Strukturheterozygotie wird in späteren Generationen durch die Selektion eleminiert.

2. Klonale Komplexe

   Bastarde vermehren sich vorwiegend oder ausschließlich klonal, deshalb ± lokalisiert.

3. Heterogame Komplexe

   Bastarde permanent strukturheterozygot (Komplexheterozygote).

4. Polyploide Komplexe (BABCOCK & STEBBINS 1938)

   Bastarde einer polyploiden sexuellen Form.

5. Agame Komplexe (BABCOCK & STEBBINS 1938)

   Bastarde oder B.-derivate reproduzieren sich teilweise oder vollständig durch unbefruchtete Samen oder Bulbillen, können weit verbreitet sein.

6. Heteroploide Komplexe (BABCOCK & STEBBINS 1938)

   Artengruppe ist charakterisiert durch Polyploidie und Bastardisierung mit oder ohne Apomixis und es tritt starke Rekombination der Merkmale ein.

Der Begriff Semispecies wird unterschiedlich interpretiert. MAYR (1940 bezeichnet damit Formen, die aus anderen Species auf Grund geographischer Isolation abgespalten sind. Sie unterscheiden sich morphologisch. HUXLEY (1942) versteht unter Semispecies Populationen zwischen Subspecies und Species.

V. GRANT (1957) bezeichnet als Semispecies solche Species-artigen Ganzheiten, die nach außen partiell reproduktiv isoliert sind, aber innerhalb der Einheit freien Genaustausch besitzen.

Sibling Species (MAYR 1942) (= Doppelarten, Geschwisterarten, Zwillingsarten) sind häufig sympatrisch auftretende, morphologisch übereinstimmende oder sehr ähnliche „Arten", deren Unterscheidung allein durch Beobachtung sehr schwierig oder unmöglich ist. Da die reproduktive Isolation zwischen Zwillingsarten vollständig oder nahezu vollständig ist, sind sie klar als echte biologische Species ausgewiesen.

G. TURESSON (1922, 1925, 1929) hat die Wechselbeziehungen zwischen Sippe und Umwelt besonders beachtet und mit den Ergebnissen seiner Versuche auch praktischen Bedürfnissen entsprochen. Seine Vorstellungen haben sich für die wissenschaftliche Durchdringung des Artbegriffes als außerordentlich fruchtbar erwiesen und sind im wesentlichen mit den Begriffen Ökotyp, Ökospecies, Cönospecies und Agamospecies verbunden.

TURESSON (1943) fand, daß eine ökologische Variation auch in apomiktischen Populationen vorkommt und schlug deshalb eine Terminologie für asexuelle Populationen parallel zu den sexuellen Populationen der experimentellen Taxonomie vor:

Amphimict-Cönospecies	Apomict-Cönospecies
Ökospecies	Agamospecies
Ökotyp	Agamotyp
Amphimict	Apomict

Unter Mikrospecies (= Jordanon) versteht man jede gleichförmige Population, die sich in geringem Maße morphologisch von verwandten Populationen unterscheidet.

V. GRANT (1971, 56 f.) unterscheidet nach der Fortpflanzungsform vier Hauptklassen von Microspecies:

asexuelle

1. klonale M., Reproduktion durch vegetative Propagation (z. B. *Opuntia*)
2. agamosperme M., Reproduktion durch Agamospermie (z. B. *Rubus Moriferus-Gruppe*)

sexuelle

3. heterogame M., komplexheterozygote Reproduktion (z. B. *Oenothera biennis* oder *Rosa canina*)
4. autogame M., vorherrschend autogame und chromosomal homozygotische Reproduktion (z. B. *Erophila*)

Agamosperme – und heterogame Microspecies sind Dauer-Hybriden. Im Gegensatz zu den Klassen 1, 2 und 3 sind autogame Microspecies vollständig oder nahezu vollständig homozygot. Sie entstehen oft durch Hybridisierung. Autogame Microspecies sind meist nicht ausschließlich autogam, sondern können sich teilweise kreuzen und haben einen normalen sexuellen Zyklus. Autogame Microspecies sind deshalb „biologische Arten". Das Konzept autogamer Microspecies, wie es GRANT (l. c.) darstellt, stimmt weitgehend mit dem Konzept der „Sibling-Species" überein.

An dieser Stelle sei auch die „deme"-Terminologie von GILMOUR & HESLOP-HARRISON (1954) erwähnt, die bei der Beschreibung mikroevolutionärer Prozesse sinnvoll ist.

Ich habe versucht, mit wenigen Strichen Ausschnitte aus der Entwicklung der botanischen Systematik zu zeichnen. Mit der Anwendung der Evolutionstheorie auf die Forschungsarbeit im Bereich des supraorganismischen Niveaus der evolutionären Organisation der Pflanzenwelt, mit den Untersuchungen, die in zunehmendem Maße Genese, Struktur und Dynamik natürlicher Abstammungsgemeinschaften umfassen und dem damit verbundenen Erkenntniszuwachs, ging nicht nur eine Vertiefung der theoretischen Grundlagen und eine ständige Erweiterung und Präzisierung des methodischen Repertoires einher, sondern zwangsläufig entwickelte sich auch der Begriff „Art", mit dem wir unsere bedeutendste taxonomische Kategorie in ihrer Universalität und vielfältigen Erscheinungsform zu fassen suchen. Den Fortpflanzungsformen muß im Rahmen der Entstehungsweisen der Arten für die Vielfalt ihrer Variationsmuster Bedeutung beigemessen werden. Mit der Anerkennung des dialektischen Zusammenhangs zwischen Entstehungsweise der Arten und der Differenzierung ihrer Variationsmuster haben wir bereits den Rahmen der sogenannten „taxonomischen Artkonzeption" gesprengt und bewegen uns im Bereich der weiterentwickelten „biologischen Artkonzeption". Die Beschränkung der „biologischen Artkonzeption" auf sexuell reproduzierende Sippen wird durch die „evolutionäre Artkonzeption" aufgehoben, sie umfaßt bewußt alle Fortpflanzungsformen. Damit wird die Anschauung über die getrennte unterschiedliche evolutionäre Entwicklung der organischen Materie in Form von „Arten“ und „Nichtarten“ negiert und die evolutionäre einheitliche Entwicklung der organischen Materie anerkannt. Das löst zwar ein fundamentales Problem, wirft aber andererseits auch neue Probleme auf. Probleme, die mit der taxonomisch-kategorialen Fassung innerartlicher Strukturen zusammenhängen. Welche der Artkonzeptionen im konkreten Fall anwendbar ist, hängt vor allem von der Entstehungsweise der Art, besonders von ihrer Fortpflanzungsform und der bei der Analyse berücksichtigten Differenzierungsebene ab.

Beobachtungen von *Frangula alnus* MILL. an ökologisch unterschiedlichen Biotopen der DDR ließen eine infraspezifische Differenzierung dieser Art vermuten. Vergleichende Untersuchungen unter Berücksichtigung von Standortfaktoren, die morphologische, anatomische, zytologische, chronologische und stoffliche Merkmale umfaßten, bestätigten diese Vermutung. Im einzelnen wurden Wuchsform, Holz, Rinde, Blatt, Infloreszenz, Blüte, Pollen, Frucht, Samen, Chromosomenzahl, Spektrum der Anthraderivate und Verbreitung untersucht. Auf Grund der Ergebnisse konnten zwei Sippen von *Frangula alnus* als Varietäten klassifiziert werden, die durch eine Reihe von Differenzierungsmerkmalen (Dm) sicher zu unterscheiden sind (Tab. 1).

Die dem nomenklatorischen Typus der Art zugeordnete var. *alnus* bevorzugt feuchte und schattige Standorte, während die var. *elliptica* MEINHARDT hauptsächlich trockene und lichte Standorte besiedelt. Das Verteilungsmuster dieser Varietäten in dem untersuchten Teilareal von *Frangula alnus* gewährt u. a. einen Einblick in das gegenwärtige Stadium des infraspezifischen räumlichen Differenzierungsprozesses dieser Art. In N-Europa herrscht die var. *alnus* mit 96 % bei weitem vor, dagegen ist in S-Europa var. *elliptica* mit ca. 30 % vertreten. Zwischen diesen Extremwerten sind entsprechende Gradienten auch in der N-S-Achse des Gebietes der DDR festzustellen. Im w- und o-europäischen Teil des Areals von *Frangula alnus* konnten solche Untersuchungen noch nicht durchgeführt werden, deshalb haben wir die deutlich abgrenzbaren Sippen dieser Art (im Sinne der LINNÉschen Artkonzeption) zunächst als Varietäten klassifiziert. Zur näheren Erläuterung des Sachverhaltes lassen sich auch „experimentelle Kategorien“ verwenden, d. h. die beiden Varietäten *alnus* und *elliptica* können unter diesem Aspekt als „Ökospecies“ bezeichnet werden, sie entsprechen der Definition TURESSONs (1922). Es sollte berücksichtigt werden, daß bei der Widerspiegelung von Erkenntnissen über Genese, Struktur und Dynamik der Pflanzensippen neben der systematischen Klassifizierung als kategoriale Widerspiegelung auch Beschreibungen, Abbildungen, diagrammatische und andere Darstellungen als extrakategoriale Widerspiegelung eine bedeutende Rolle spielen, die je nach der Zielsetzung umfassend oder teilweise eingesetzt werden können und als wertvolle Informationsspeicher dienen (VENT 1967, 507).

Die seit Jahrhunderten in Entwicklung befindlichen „Pflanzensysteme“ wer-

Tabelle 1
Differenzierungsmerkmale (Dm) von *Frangula alnus* MILL. var. *alnus* und *F. alnus* MILL. var. *elliptica* MEINHARDT

	var. *alnus*	var. *elliptica*
Wuchsform	bis 4 m hohe Sträucher od. bis 7 m hohe Bäume, geringer verzweigt	1,2 (1,8) m hohe reich verzweigte Sträucher
Blattindex	1,5 (±0,2)	1,9 (±0,2)
Zahl d. Blüten/ Infloreszenz	max. 4 (häufig 1)	3–15 (meist 5–6)
Länge d. Blütenstiele	bis zu 12 mm	4–7 mm
Durchschnittliche Größe d. Samen mit Endokarp in mm	4,8 × 5,2 × 2,1	4,3 × 4,5 × 2,0
Anordnung d. Gefäße	einzeln oder in radialen Reihen (3–10 Gefäße)	meist einzeln oder seltener in Gruppen bzw. radiär (bis zu 6 Gefäße)
Anzahl der Gefäße/mm² (Mittelwert)	125–165 (~144,5)	99–139 (~120)
Durchmesser d. Gefäße (Mittelwert)	40–51 μm (46 μm)	32–41 μm (38 μm)
Durchmesser d. Siebröhren	29–34 μm	23–29 μm
Qualitative stoffl. Dm in Komponenten	—	15, 17, 24 u. 26 vorhanden

den ständig durch neue Erkenntnisse aus unterschiedlichen Erkenntnisebenen weiter vervollkommnet. Dabei spielen seit einigen Jahrzehnten auch „experimentelle Kategorien“ eine Rolle. Welche der „experimentellen Kategorien“ sich als heuristisch und prognostisch bedeutungsvoll erweisen, hängt wesentlich von der Zielsetzung und der Praxis ab. Im Sinne der systematischen Klassifizierung mit der üblichen kategorialen Widerspiegelung zählen die „experimentellen Kategorien“ zu den Mitteln der extrakategorialen Widerspiegelung und können besonders im mikroevolutionären Bereich wertvolle Ergänzungen liefern. Das hierarchische taxonomische Kategoriengefüge sollte für alle verbindlich sein.

Literaturverzeichnis

ABDYLDAJEW, T. A., Der „Artbegriff“ in der modernen Biologie. Frunse, 1971.

BABCOCK, E. B. & STEBBINS, G. L., The American species of *Crepis*. Their interrelationships and distribution as affected by polyploidy and apomixis. Carnegie Inst. Washington Publ. 504 (1938).

BRIGGS, D. & WALTERS, S. M., Plant Variation and Evolution. London, 1969.
CAIN, A. J., Animal Species and Their Evolution. London, New York, 1954.
DARLINGTON, C. D., Chromosomen-Botanik. Stuttgart, 1957.
DE CANDOLLE, A. P., Théorie élémentaire de la botanique. Paris, 1813.
DOBZHANSKY, TH., Genetics and the Origin of Species. 1st, 2nd, and 3rd eds. New York, 1937.
EHRHART, F., Botanische Bemerkungen. Beitr. Naturk. verw. Wiss., *3*, 58–95 (1788).
GILMOUR, J. S. L. & HESLOP-HARRISON, J., The deme terminology and the units of micro-evolutionary change. Genetica, *27*, 147–161 (1954).
GRANT, V., The role of hybridization in the evolution of the Leafy-stemmed Gilias. Evolution, 7, 51–64 (1953).
–, The plant species in theory and practice. In: MAYR, E. (ed.), The Species Problem. Washington, D. C., 1957.
–, The Origin of Adaptations. New York, 1963.
–, Plant speciation. New York, London, 1971.
HUXLEY, J. S., Evolution: The Modern Synthesis. London, 1942.
KERNER, A. v., Gute und schlechte Arten. Innsbruck, 1866.
KOMAROV, V. L. (Hrsg.), Flora der SSSR. Bd. I. Leningrad, 1934.
LÖVE, A., The biosystematic species concept. Preslia, *34*, 127–139 (1962).
LOTSY, J. P., On the species of the taxonomist in its relation to evolution. Genetica, *13*, 1–16 (1931).
MAYR, E., Speciation phenomene in birds. Amer. Naturalist, *74*, 249–278 (1940).
–, Systematics and the Origin of Species. New York, 1942.
MEGLITSCH, P. A., On the nature of the species. Systematic Zool., *3*, 49–65 (1954).
RAY, J., Historia plantarum, species hactenus editas aliasque in super multas noviter inventas atque descriptas complectens etc. Tomus primus. Londoni, 1686.
RIEGER, R. & MICHAELIS, A., Genetisches und cytogenetisches Wörterbuch, 2. Aufl. Berlin – Göttingen – Heidelberg, 1958.
ROTHMALER, W., Allgemeine Taxonomie und Chorologie der Pflanzen. Jena, 1955.
SENDTNER, O., Die Vegetationsverhältnisse Südbayerns, nach den Grundsätzen der Pflanzengeographie und mit Bezugnahme auf Landeskultur geschildert. München, 1854.
SIMPSON, G. G., The species concept. Evolution, *5*, 285–298 (1951).
–, Principles of Animal Taxonomy. New York, 1961.
STEBBINS, G. L., Evolutionsprozesse. (Übersetz. v. J. QUERNER.) Jena, 1968.
TURESSON, G., The species and variety as ecological units. Hereditas, *3*, 100–113 (1922).
–, The plant species in relation to habitat and climate. Hereditas, *6*, 147–236 (1925).
–, Zur Natur und Begrenzung der Arteneinheiten. Hereditas, *12*, 323–334 (1929).
–, Variation in the apomictic microspecies of ***Alchemilla vulgaris*** L. Bot. Not., p. 413–427 (1943).
VENT, W., Merkmalskomplex – Sippenstruktur – Natürliches Pflanzensystem. Wiss. Z. Humboldt-Univ., math.-nath. R., *11*, 401–405 (1962).
–, Über die Bedeutung der botanischen Systematik. In: LEY, H. & LÖTHER, R. (Hrsg.), Mikrokosmos – Makrokosmos. Bd. 2, p. 500–513. Berlin, 1967.
VENT, W., MEINHARDT, UTA & VOBACH, V., Beiträge zur Kenntnis der infra-

spezifischen Struktur von *Frangula alnus* MILL. (Rhamnaceae). Gleditschia, *1,* 17–31 (1973).
WEBER-OLDECOP, D. W., Über die Verbreitung der Geschlechter von *Stratiodes aloides* L. im Allertal. Göttinger Florist. Rdbr., *5* (1), 11 (1971).
WETTSTEIN, R. v., Der Saison-Dimorphismus als Ausgangspunkt für die Bildung neuer Arten im Pflanzenreich. Ber. dt. bot. Gesellsch., *13,* 303–313 (1895).
–, Zur Systematik der europäischen *Euphrasis*-Arten. Österr. bot. Z., *46,* 381–386 (1896 a).
–, Die europäischen Arten der Gattung *Gentiana* aus der Sektion *Endotricha* FROEL. und ihr entwicklungsgeschichtlicher Zusammenhang. Denkschr. Akad. Wiss. Wien, math.-nat. Kl., *64,* 309–382 (1896 b).
–, Grundzüge der geographisch-morphologischen Methode der Pflanzensystematik. Jena, 1898.

Anschrift des Verfassers: Professor Dr. sc. nat. W. VENT, Direktor des Bereichs Botanik und Arboretum des Museums für Naturkunde an der Humboldt-Universität, 1195 Berlin-Baumschulenweg, Späthstraße 80/81. DDR.

Diskussion

DANERT †, Gatersleben
Der Vortrag gab einen ausgezeichneten Überblick zum gegenwärtigen Stand der Verwendung von Kategorien innerhalb des Systems und innerhalb des Artbereiches, sie beinhalten aber eine ganze Reihe von Problemen. Ich möchte hier zur Kennzeichnung der Situation nur eines aufwerfen: Sind wir berechtigt, von biosystematischen Arbeitsmethoden zu sprechen? Können wir nicht lediglich sagen, wir haben eine ganze Reihe von Einzelmethoden, die wir zu einem Gesamtbild von der Abstammung der Arten miteinander verknüpfen? Ein anderer Punkt steht ganz eng im Zusammenhang mit dieser Frage: Ist es zweckmäßig, der taxonomischen Artkonzeption eine biologische Artkonzeption entgegenzustellen? Jede Zeit leistet das, was an methodischen Vorgaben gegenwärtig ausschöpfbar ist und versucht, die Ergebnisse zu koordinieren und zu kombinieren. Im Laufe der Zeit haben wir in der Taxonomie zwar die Zielsetzung immer mehr verfeinern können, aber die Zielstellung als Ganzes ist doch eigentlich geblieben.

Neue biologische Artbegriffe – und ich halte sie durchaus für verwendbar – streben letzten Endes eine nähere Charakteristik jener Einheit an, die als Art anerkannt werden kann. Mit den Begriffen Deme und Cline haben wir eine ganze Palette von Kategorien, mit denen wir Verwandtschaftsbeziehungen von Kleinsippen zum Ausdruck bringen können.

Als ein ganz wesentliches Kriterium gegenwärtiger Artkonzeptionen wird immer wieder die Kreuzbarkeit hervorgehoben. Wir sind zum gegenwärtigen Zeitpunkt aber nicht in der Lage, solche Kreuzungsexperimente gleichwertig vornehmen zu können und haben deshalb in diesem wichtigen Merkmal nur eine beschränkte Urteilskraft, da wir in anderen Sippen eines Taxon nur auf Herbarbelege angewiesen sein werden. Eine umfassende biosystematische Einschätzung ist damit aber nicht möglich.

Im Vortrag wurde das sehr interessante Beispiel von *Frangula alnus* angeführt. Gelangen Kreuzungen zwischen der var. *elliptica* und der var. *alnus*?

VENT, Berlin

Die hier angeschnittenen Probleme sind zweifellos von zentraler Bedeutung. Wir kennen zahlreiche bewährte taxonomische Arbeitsmethoden, die unter neuerem Aspekt z. T. als „biosystematische“ zusammengefaßt wurden. Dieser Begriff ist bereits unmittelbar nach seiner Entstehung heftig diskutiert worden und hat sich bis heute nicht allgemein durchsetzen können.

Ohne die einheitliche und ganzheitliche Erforschung von Pflanzensippen zu stören, sehe ich z. B. die Anwendung der „taxonomischen“ und der „biologischen Artkonzeption“ bei Untersuchungen an ein und derselben Art als durchaus sinnvoll an, weil beiden Artkonzeptionen unterschiedliche Kriterien zugrunde liegen, obendrein berühren sie verschiedene Erkenntnisebenen, die sich teilweise überschneiden.

Zu ihrer Frage nach *Frangula alnus* kann ich mitteilen, daß wir zunächst die beiden Varietäten unter verschiedenen Bedingungen kultivieren, Kreuzungen haben wir noch nicht durchgeführt.

NÜRNBERG, Berlin

Herr LEY sagte heute früh, daß ihm die historische Betrachtungsweise sehr liegt, und ich glaube, der Anlaß zum Mißverständnis lag hier darin, daß Herr Kollege VENT von dem Gegensatz von taxonomischer Betrachtungsweise und biologischer Analyse in der Taxonomie sprach. Wenn wir bei den historischen Klassifizierungen anfangen im Altertum, dann war tatsächlich die Praxisbeziehung der Ausgangspunkt. Es wurde gegliedert nach der Verwendung bestimmter Gruppen von Organismen. Die analysierende Taxonomie nach der taxonomischen Art und Weise, wie LINNÉ sie vorgenommen hat, bezweckte zunächst einfach eine Erfassung und Katalogisierung der Vielfalt. Wenn wir aber die Praxis im Auge behalten, dann ist die augenblickliche Phase der Anwendung biologischer Erfassungsmethoden eben ein Übergangsstadium, und die schon von Herrn Kollegen VENT angeschnittenen berühmten Kulturpflanzen stellen eigentlich das sehr eindrucksvolle Kriterium dafür dar, daß heute schon abzusehen ist, daß das Ziel auch der taxonomischen Arbeit heute in ganz anderer Richtung sich entwickelt, nämlich im Hinblick auf einen Eingriff in den Entwicklungsprozeß und die bewußte Gestaltung der taxonomischen Einheiten. Bei den Kulturpflanzen ist uns das ganz selbstverständlich, daß wir einen viel weitgehenderen Einblick in den Aufbau der einzelnen taxonomischen Einheiten haben und daß wir dementsprechend z. B. durch Kreuzungstechnik analysieren. Bei den heute noch als solche vorhandenen, sogenannten Wildpflanzen erscheint das in vielen Fällen je vom Interesse des Autors angebracht oder weniger angebracht. Aber ich glaube, im Hinblick auf die Situation, daß in immer verstärktem Maße der Mensch Einfluß auf die gesamte biologische Welt nimmt und also auch eine geplante Gestaltung der Umwelt erforderlich wird, wird sich auch die biologische Arbeitsweise immer stärker durchsetzen müssen. Wir können daher nicht davon sprechen, daß es sich um gegensätzliche Methoden handelt und daß wir sie in Gegensatz zueinander stellen müssen, sondern daß sie je nach dem Entwicklungsstand und der Anwendung der Erkenntnisse notwendig sind und weiter entwickelt werden müssen.

RÄNDEL, Berlin
Zur biosystematischen Arbeitsweise möchte ich zur Diskussion stellen, daß es auch Gattungsbastarde gibt, die eine fertile Nachkommenschaft haben (z. B. bei den Rosaceae). Wie vereinbart sich das mit dem biosystematischen Artbegriff?

VENT, Berlin
Variabilität erfaßt alle Bereiche der Pflanzensippen, also auch das Fertilitäts-Sterilitätssystem, so daß im Extremfall Vertreter von Arten verschiedener Gattungen miteinander bastardieren können. Man sollte in diesem Zusammenhang auch berücksichtigen, daß Gattungen im allgemeinen auf der Basis raum-zeitlicher und morphologisch-anatomischer Untersuchungen abgegrenzt werden, ohne daß diesem Verfahren eine einheitliche Konzeption zugrunde liegt. Bei formaler Betrachtung sprengen Gattungsbastarde den Rahmen der biologischen Artkonzeption. Sie gehören andererseits zu jenen statistisch zu erwartenden Ausnahmen, die uns immer neue Fragen stellen.

DANERT †, Gatersleben
Mit dem Kreuzungsexperiment haben wir zwar eine logische Basis für die evolutionäre Artdefinition, doch die Prüfung der praktischen Brauchbarkeit dürfte nur in seltenen Fällen möglich sein. Zur Testung linearer Artennachkommenschaftsfolgen benötigt man mehrere Generationen, bei Annuellen mag das zu bewältigen sein, bei Ausdauernden und Gehölzen ist der Zeitaufwand außerordentlich hoch.

Problematisch ist auch die Beurteilung der Frage: Gehört alles zu einer Art, was nicht mit anderen Sippen kreuzbar ist? Es wurde auf Rosaceen hingewiesen, wo man Gattungsbastarde kennt. Ich darf noch einige andere Beispiele hier anschließen: In der Orchideen-Gattung *Vanda* – mit Orchideen hat man ganz besonders häufig experimentiert, um besonders dekorative Bastarde zu erzeugen, die man dann vegetativ vermehren kann – hat man Arten aus nicht weniger als 11 anderen Gattungen verwendet. – Und ganz ähnliche Verhältnisse gibt es bei den Gesneriaceen, einer evolutiv weit fortgeschrittenen Familie, in der aber auffallenderweise die Blütenstrukturen so sehr voneinander abweichen, daß sie ganz unterschiedliche Bestäuberkreise ansprechen. Aus blütenökologischen Gründen kommt es niemals zu einem Genaustausch. Es ist aber künstlich ohne weiteres möglich, Sippen mit völlig verschiedenen Blütenstrukturen zu kreuzen, die daraus resultierenden Nachkommenschaftsschwärme lassen sich mit herkömmlichen Methoden kaum analysieren. DANSER, der im Vortrag erwähnt wurde, wies bereits auf eine Frage hin, die auch heute für die Beurteilung von Kreuzungskriterien zur Sippenabgrenzung noch aktuell ist. Wenn zwei Arten miteinander nicht kreuzbar sind, ein Genaustausch beider Arten aber über eine dritte möglich ist, wie haben wir dann zu verfahren? Es gibt sehr viele solcher Übergänge, und ich glaube nicht, daß es praktisch durchführbar ist, als wichtiges Kriterium die Kreuzungsbeziehungen für die Umgrenzung einer Art heranzuziehen. Nach wie vor wird aber zweifellos die Kreuzungsmöglichkeit ein wesentliches Kriterium sein.

SCAMONI, Eberswalde

Für den Gebrauch der Phytotaxonomie in der Praxis ihrer Anwendung ist ein einheitliches System zu fordern. Am klarsten können morphologische Differenzierungen sein. Es folgen anatomische, zytologische und biochemische, die auch anzuerkennen sind.

Das Problem ergibt sich, wenn keine stofflichen Differenzierungen z. Z. erkannt werden und nur ökologische oder physiologische vorliegen. Die Aufgabe ist es, hierfür eindeutige Kriterien zu schaffen.

Zur Auffassung der Art als materielles System

ROLF LÖTHER

Das Artproblem ist eines der Grundprobleme der Evolutionstheorie und der Taxonomie und zugleich von fundamentaler Bedeutung für die gesamte Biologie. Mit ihm verbinden sich wesentliche Aspekte weltanschaulichen und erkenntnistheoretisch-methodologischen Charakters. Der Begriff der Art und mit ihm der Begriff der Gattung wurden von ARISTOTELES bei der Ausarbeitung des synthetischen Klassifikationsverfahrens als Fachtermini der Logik eingeführt und bei der Klassifikation der Tiere angewandt. Als logische Fachtermini drücken sie ein Subordinationsverhältnis von Begriffen aus. Dabei bezieht sich der Gattungsbegriff jeweils auf eine übergeordnete und der Gattungsbegriff auf die diesen untergeordneten Klassifikationseinheiten als Angabe ihres Verhältnisses zueinander innerhalb eines hierarischen Klassifikationssystems, unabhängig von ihrer absoluten Stellung in ihm. Seit RAY und TOURNEFORT unterscheiden sich die logische und die biologisch-taxonomische Bedeutung dieser Begriffe. RAY reservierte den Artbegriff für die unterste Einheit des taxonomischen Klassifikationssystems und interpretierte die Arten als hinsichtlich der wesentlichen Eigenschaften der Individuen konstante generative Einheiten. TOURNEFORT begann mit der viergliedrigen Begriffshierarchie „Spezies – Genus – Sektion – Klasse“ die feste Zuordnung logischer Ordnungsbegriffe als taxonomischer Kategorien zu den Stufen des Klassifikationssystems der Pflanzen. Seitdem gibt es taxonomische Kategorien, deren absolute Hierarchie auf dem Artbegriff ruht, und das spezielle Artproblem der Biologie.

Früher stritt man sich darüber, ob die Arten konstant und von Gott erschaffen oder durch Entwicklung aus anderen Arten entstanden und veränderlich seien und ob der Artbegriff einen objektiven Inhalt besitze oder lediglich subjektiven Charakter trage. Heute ist die Problemsituation völlig anders, auch wenn gelegentlich noch Rudimente aus der Vergangenheit vorkommen. Die moderne Biologie steht auf dem Standpunkt der von DARWIN begründeten und zur biologischen oder synthetischen Theorie weiterentwikkelten Evolutionstheorie, und die in ihrem Rahmen erarbeitete „biologische Artkonzeption“ läßt an der objektiven Realität der Art jedenfalls bei den sich zweieltrig-sexuell reproduzierenden Organismen keinen Zweifel. Die Taxonomie ist hinsichtlich ihres Erkenntniszieles phylogenetisch orientiert, arbeitet auf das phylogenetische als auf das natürliche Klassifikationssystem der Organismen hin. Der Artbegriff ist das unmittelbare begriffliche Bindeglied zwischen Taxonomie und Phylogenetik, denn der von RAY für die basale Einheit der Klassifikation der Lebewesen eingeführte Begriff der Art ist zugleich der Begriff, welcher die elementare Entwicklungseinheit der Stammesgeschichte bedeutet. Bei der Erörterung des Artproblems treten heute Fragen auf wie z. B. „Welchen Platz nimmt die Art als Organisationsform des Lebens in der Struktur und Evolution der lebenden Materie ein?“, „Wie ist die innerartliche Struktur und in welchem Verhältnis steht sie zur Dynamik der infraspezifischen und transspezifischen Evolution?“, „Auf welche verschiedene Weisen können neue Arten entstehen?“, „Ist der biologische Artbegriff auf alle Organismen anwendbar, d. h. sind alle Organismen zu Arten zugehörig?“.

Diese Sachlage ist nur sinnvoll verständlich, wenn eine bestimmte Auffassung der Art vorangesetzt wird. Diese Auffassung hat sich seit RAYs zukunftsträchtigem Schritt und besonders nach der Begründung der Populationsgenetik herausgebildet und in der „biologischen Artkonzeption“ einen speziellen Ausdruck gefunden. Sie besagt, daß Arten nicht logische Klassen von organismischen Individuen sind mit Merkmalen, die sie von anderen logischen Klassen organismischer Individuen unterscheiden, sondern materielle, raum-zeitlich organisierte, ganzheitliche, überorganismische Systeme, die entstehen, sich entwickeln und vergehen, weil aus ihnen neue Arten entstehen oder weil ihre Individuen nachkommenlos bleiben, und die eine besondere Strukturebene, ein besonderes Integrationsniveau der lebenden Materie bilden. Mit anderen Worten, das Artproblem ist kein Problem des von PLATON und ARISTOTELES ausgehenden Universalienstreites. In dessen Rahmen verlaufende Diskussionen zur Frage, ob es in der Natur Arten gibt oder ob sie Konstruktionen des menschlichen Verstandes sind, verfehlen unabhängig vom verfochtenen Standpunkt ihren sachlichen Gegenstand, weil sich der biologische Fachterminus „Art“ nicht auf eine Gesamtheit logischer Klassen bezieht, sondern auf eine Gesamtheit von materiellen Systemen.

Für die Taxonomie ist diese Gesamtheit materieller Systeme, also nicht die der Individuen, die objektiv-reale Bezugsbasis ihrer vergleichenden und klassifizierenden Tätigkeit, wobei die Merkmale der Individuen nicht Kriterien, sondern in einem Prozeß indirekter Erkenntnis Indizien ihrer Artzugehörigkeit sind (vgl. HENNIG 1950, SIMPSON 1961, MAYR 1969). Die zumeist vorhandene Ähnlichkeit der Individuen erlaubt es weitgehend, von ihrer Zugehörigkeit zu einem System von Elementen zu schließen. Daraus resultiert, daß Taxonomen von alters her auch ohne Systemauffassung der Art Arten richtig erfaßt haben. Aber die Zuverlässigkeit dieses Schlusses ist einerseits durch Polymorphismus oder andere Erscheinungen individueller Variabilität innerhalb einer Art und andererseits durch hochgradige Ähnlichkeit der Individuen verschiedener Arten („Sibling species“ oder „Zwillingsarten“) begrenzt.

Die „biologische Artkonzeption“ ist eine besondere und zugleich die verbreiteste Form der Auffassung der Art als materielles System. MAYR gilt allgemein als ihr bedeutendster Vertreter, von ihm stammt auch der Name „biologische Artkonzeption“. Er bezweckt die Unterscheidung von an das klassenlogische Verständnis der Art gebundene morphologisch-typologische und nominalistische Auffassungen von der Art. Bahnbrechend für die „biologische Artkonzeption“ waren Arbeiten von DOBZKANSKY und von TIMOFEJEW-RESSOWSKY vom Ende der dreißiger Jahre unseres Jahrhunderts über die genetischen Grundlagen der Artbildung. Die wissenschaftliche Strömung der „Neuen Systematik“ machte sie sich zu eigen (K. GÜNTHER 1956). Wie SIMPSON (1961) vermerkt, sind die am weitesten anerkannten Art-Definitionen Varianten oder Äquivalente derjenigen, die MAYR auf dem Symposium über „Neue Systematik“ (1940) formulierte und seitdem in zahlreichen Publikationen gebraucht hat. Mehr als ein Jahrzehnt später hat sich an dieser Sachlage nichts geändert. SIMPSON stellt auch fest, daß MAYRs Konzeption bei neun Zehntel oder mehr aller zu klassifizierenden Tiere anwendbar und hinreichend sei. LÖVE (1962, 1964) bestätigt ihre weitgehende Gültigkeit aus botanischer Sicht.

MAYRs Definition besagt, daß Arten Gruppen sich (tatsächlich oder potentiell) kreuzender natürlicher Populationen sind, die von anderen solchen Gruppen reproduktiv isoliert sind. Sie geht von den Populationen sich sexuell-zweieltrig fortpflanzender Organismen aus und betont, daß diese ihre besondere Wirklichkeit durch den historisch entstandenen Inhalt der Erbinformationen ihres Gen-Pools erhalten, an dem die Individuen teilhaben. Auf Grund dessen bilden die Arten zugleich eine Fortpflanzungsgemeinschaft, eine ökologische Einheit und eine genetische Einheit. Jede Art ist in ein ökologisches Beziehungsgefüge integriert und hält eine ökologische Nische besetzt. Der Gen-Pool der Art ist durch natürliche Auslese als Ganzes an die Umwelt der Art adaptiert, seine Gene sind durch die natürliche Auslese koadaptiert. Für den Artbegriff vertritt MAYR (1969, S. 26 f.), daß er ein Relationsbegriff sei. Er schreibt: „A ist eine Art in Beziehung zu B und C, weil sie von ihnen reproduktiv isoliert ist. Das hat eine primäre Bedeutung hinsichtlich sympatrischer und synchroner Populationen, und das sind genau die Situationen, auf die angewandt die Konzeption den geringsten Schwierigkeiten begegnet ... Je weiter zwei Populationen in Raum und Zeit voneinander entfernt sind, um so schwieriger wird es, ihren Artstatus im Verhältnis zueinander zu prüfen, aber um so biologisch belangloser wird dies auch.“ Diese Aussagen beziehen sich jedoch nicht auf die Art als materielles System, sondern auf die Ermittlung ihrer Grenzen als diskontinuierliches, gegenüber anderen Arten genetisch geschlossenes System im Erkenntnisprozeß. Die Art existiert aber unabhängig von der menschlichen Erkenntnis; und die Art ist nicht die Grenze der Art, sondern was innerhalb der Grenze ist und mit ihr endet: das „Art“ genannte materielle System, das durch die innerartlichen Beziehungen der Individuen konstituiert wird. Seine Relation zu anderen Arten ist ihr Resultat, so daß der Artbegriff seinem Wesen nach kein Relationsbegriff ist, sondern materielle Systeme bezeichnet, was aus MAYRs eigener Konzeption folgt.

Für den Taxonomen ergeben sich aus dieser Konzeption eine Reihe von ihren Vertretern wohlbekannte Schwierigkeiten. K. GÜNTHER (1962, S. 299) faßt sie wie folgt zusammen. „1. Jene biologische Spezies-Definition läßt den Begriff der Art mit Sicherheit nur auf zwei- und getrenntgeschlechtlich reproduzierende Organismen anwenden; 2. sie arbeitet mit biologischen und besonders genetischen Kriterien, die aber dem in der Sammlung konservierter Specimina ... arbeitenden Taxonomen nicht zugänglich sind. Er ist, wie seit jeher, fast ganz auf morphologische und chorologische Kriterien angewiesen, hat aber nach wie vor die Hauptlast der taxonomisch-klassifikatorischen Bewältigung des Organismenreiches zu tragen; 3. das dynamische Spezieskonzept rückt für den – vorzugsweise auf demgegenüber unzulängliche morphologische Kriterien angewiesenen – Taxonomen auf verwirrende Weise in den Vordergrund die Tatsache, daß die biologisch verwirklichten Arten alle nur erdenklichen Entwicklungsstadien des Prozesses der Artentstehung und dann weiteren Artaufspaltung darstellen können."

Der zweite und dritte der von GÜNTHER genannten Punkte betrifft allerdings nicht die Artkonzeption selbst, sondern Probleme des Gewinnens und Verarbeitens wissenschaftlicher Information, wie sie wissenschaftlicher Arbeit notwendig innewohnen: die prinzipielle Grenze der Aufnahmefähigkeit des Klassifikationssystems für Information über die Arten und den Mangel an aufnehmbarer Information. Die Anwendbarkeitsgrenzen der Klassifikationsmethode auf die Arten resultieren aus der Natur des Klassifikandums selbst. Die damit verbundenen Probleme würden nur dann nicht existieren, wenn es keine Evolution gäbe. Sie bestanden schon vor dem Nachweis ihres Stattfindens, durch die Phylogenetik weiß der Taxonom wenigstens, warum es sie gibt. Die Sorgen der Taxonomen sind hier die Freuden der Evolutionisten, phylogenetischen Systematikern sollte dies zum Trost gereichen. Der zweite Punkt betrifft hinsichtlich der rezenten Organismen ein wesentlich praktisches Problem, das auf dem Wege internationaler und multidisziplinärer Zusammenarbeit mit dem Ziel eines möglichst vielseitigen Studiums der lebenden Objekte prinzipiell lösbar sein dürfte. Besondere Probleme, auch erkenntnistheoretischen Charakters, ergeben sich für die Paläontologie, welche selbstredend keine Ermittlungen über die reproduktive Isolation ausgestorbener Arten anstellen kann (vgl. TRÜMPER 1965, 1969).

Der erste der von GÜNTHER genannten Punkte bezieht sich auf die Konzeption selbst, eineltrige Organismen, also sich selbstbefruchtend, parthenogetisch, pseudogam oder vegetativ fortpflanzende Organismen, ausschließt. (Wo eineltrige und zweieltrige Fortpflanzung regelmäßig wechseln oder zweieltrige Fortpflanzung häufig neben eineltriger vorkommt, ist sie natürlich anwendbar.) Mit der Eineltrigkeit verbinden sich zwei Fragen:

1. Wie ist unter Voraussetzung der auf Zweieltrigkeit bezogenen „biologischen Artkonzeption" die Klassifikation der Eineltrigen zu handhaben?;

2. Kann die System-Auffassung der Art so weiterentwickelt werden, daß sie die Eineltrigen mit erfaßt, ohne die Errungenschaften der „biologischen Artkonzeption“ preiszugeben? Dabei ist vorausgesetzt, daß sich Gruppen eineltrig fortpflanzender Organismen bezüglich der morphologischen Ähnlichkeit der Individuen als Indiz der Zusammengehörigkeit und der Integration der Gruppen in ökologische Beziehungsgefüge wie Arten zweieltriger Organismen verhalten. Was fehlt, ist die bei den Zweieltrigen durch die Sexualität vermittelte Integration der Gene zum von der Selektion geformten systemischen Gen-Pool der Art. Weiter ist die Bedeutung der Eineltrigkeit bei Eukaryonten und Akaryonten (Bakterien, Blaualgen) sowie bei den Eukaryonten im Tierreich und Pflanzenreich (Pteridophyten, Angiospermen) verschieden.

Wie HERTWIG (1967, S. 114) zeigt, scheint „die biparentale Fortpflanzung allen Eukaryonten eigen zu sein. Ihr gelegentliches Fehlen ist als eine sekundäre Erscheinung zu werten.“ Unter dieser Bedingung kann die Taxonomie davon ausgehen, „daß das Fehlen der Getrenntgeschlechtlichkeit einen abgeleiteten Ausnahmezustand darstellt, und daß diejenigen phylogenetischen Verwandtschaftsgruppen, in denen die Getrenntgeschlechtlichkeit fehlt, immer nur Teilgruppen von verschiedener Rangordnungsstufe innerhalb von Gruppen übergeordneter Rangstufe bilden, in denen die Getrenntgeschlechtlichkeit, abgesehen von eben dieser Teilgruppe, die Regel ist“ (HENNIG 1950, S. 58). Bei diesem Vorgehen entstehen – durch die einheitliche taxonomische Terminologie kaschiert – der Klassifikation bei den Zweieltrigen analoge Einteilungen anderen Inhalts, umgrenzt durch Arten und logische Klassen von Arten im Sinne der „biologischen Artkonzeption“, als phylogenetisch ableitbare Epiphänomene mit ihnen verbunden. Sie beziehen sich auf parallele und genetisch voneinander getrennte Ketten von Klonen oder reiner Linien. Was die Akaryonten betrifft, so lassen sie sich bekanntlich nicht von zweieltrigen Eukaryonten ableiten. Die Aufklärung ihrer Phylogenese tangiert vielmehr die Entstehung des Lebens, im Zusammenhang damit ist ihre phylogenetische Klassifikation eine Aufgabe der Zukunft (vgl. THIMANN 1964, S. 9). Noch problematischer ist die Situation bei den Viren, bei denen bereits die Zugehörigkeit zu den Lebewesen umstritten ist (vgl. WITTMANN 1970). Ob die bei Viren und Bakterien erfolgende genetische Rekombination durch parasexuelle Prozesse (vgl. E. GÜNTHER 1969) echte Artäquivalente für die Art im Sinne der „biologischen Artkonzeption“, Äquivalente geringerer stammesgeschichtlicher Entwicklungshöhe, konstituiert und wie der stammesgeschichtliche Zusammenhang zwischen dieser Parasexualität und der Sexualität der Eukaryonten ist, sind offene Fragen.

Insgesamt ist der ganze Komplex der Fortpflanzungsformen nicht nur durch die praktischen Nöte der Taxonomen von Interesse, sondern vor allem auch unter dem Aspekt der Evolution von Genotyp und genetischem System, der Evolution der die genetische Information speichernden, rekombinierenden und übertragenen Strukturen und Prozesse. Aus dieser Sicht ergibt sich nicht nur die Evolution von Genotyp und genetischem System der sich zweieltrig reproduzierenden Eukaryonten (vgl. dazu BERG & TIMOFEJEW-RESSOWSKI 1964). Die Formen eineltriger Fortpflanzung bei ihnen sind nicht einfach Ausnahmen von der Regel, sondern Ausdruck von Evolutionswegen und Evolutionsweisen der die genetische Information speichernden, rekombinierenden und übertragenen Strukturen und Prozesse im Rahmen der allgemeinen Evolutionsgesetzlichkeit. Sie dürften unter die Evolutionsmodi der Spezialisation und Regression fallen. Wie EHRENDORFER (1964, S. 170) schreibt und vielfältig belegt, „bestehen zwischen den wichtigen, allgemein kennzeichnenden Wesenszügen der Formenkreise, also etwa zwischen Lebensform, Bestäubung und Fortpflanzungssystem, Chromosomenapparat, Populationsstruktur, Verbreitung, Lebensraum etc. vielfältige, weit über das Zufällige hinausgehende Zusammenhänge“.

Eine Erweiterung der „biologischen Artkonzeption“ zur Aufnahme der eineltrigen Organismen über die ausdrückliche definitorische Bezugnahme auf die Evolution hat SIMPSON (1961, Kap. 5) vorgeschlagen. Über die Beziehungen der Artdefinition MAYRs zur Evolution schreibt er: „Es ist die Tatsache der Evolution, welche die genetischen Arten zu getrennten Einheiten gemacht hat. Es ist auch offensichtlich, daß die genetische Definition der Art evolutionäre Bedeutung hat. Doch fällt auf, daß die Definition nicht ausdrücklich irgendein evolutionäres Kriterium enthält oder irgend etwas über die Evolution aussagt. Sie würde genau so gut oder faktisch noch besser für Arten passen, die sich nicht entwickeln.“ Zur Überwindung ihrer Mangelhaftigkeit schlägt er eine allgemeine Definition vor, welche der von MAYR nicht widerspricht, sondern diese als für die meisten Arten im Zeitquerschnitt zutreffende engere Definition einschließt, die Definition der „evolutionären Art“. Darunter versteht SIMPSON eine Abstammungsgemeinschaft von Populationen, die sich von anderen getrennt und mit einer eigenen einheitlichen evolutionären Rolle und evolutionären Tendenzen entwickelt. Die evolutionäre Rolle ist das Korrelat zur ökologischen Nische auf der Seite der Art. Metaphorisch könnte man von der Planstelle der Art im Naturhaushalt sprechen. SIMPSONs Konzeption schließt ein, daß eine Art während ihrer Dauer jederzeit eine einheitliche Rolle besitzt, aber nicht jederzeit dieselbe, und daß diese Rolle immer eine in bestimmter Weise besondere, aber nicht immer eine auf dieselbe Weise bestimmt ist.

Aus der Sicht SIMPSONS ist die „genetische Art“ von MAYR ein Moment seiner „evolutionären Art“, eine „evolutionäre Art“ zweieltriger Organismen in einem bestimmten Zeitquerschnitt. Bei ihr fördert der Genaustausch zwischen den Populationen der Art' die Erhaltung der einheitlichen Rolle, während die Isolation Rollentrennung ermöglicht. Die evolutionäre Rolle ist dem Autor der übergeordnete Gesichtspunkt für Kreuzung und Isolation. Er sei für die Feststellung des Artstatus maßgeblich, wenn dieser angesichts zwischenartlicher Kreuzungen bei sympatrischen Populationen fraglich ist. Und dieser Gesichtspunkt sei auch bei eineltrigen Organismen anwendbar.

SIMPSON hebt hervor, daß die evolutionäre Einheit, die Erhaltung der einheitlichen evolutionären Rolle, aufrechterhalten wird durch die Gemeinsamkeit des Erbgutes, die Möglichkeit der Ausbreitung der Gene in der Population (die deshalb einen Gen-Pool besitzt) und die Verhinderung der Ausbreitung der Gene in anderen Populationen. Diese drei Faktoren seien aber sowohl bei Populationen zweieltriger als auch eineltriger Organismen gegeben. Für die Gemeinsamkeit des Erbgutes sei dies offenkundig, aber für die beiden anderen Faktoren weniger klar. Jedoch erfolge bei Eineltrigkeit wie bei Zweieltrigkeit die Ausbreitung der Gene, indem Gene mehr werden, wenn ihre Träger mehr Nachkommen haben, und weniger werden, auch verschwinden, wenn es weniger Nachkommen werden. Damit ist gesagt, daß die evolutionäre Rolle in beiden Fällen durch die natürliche Auslese determiniert und umgrenzt ist. Die zweieltrige Reproduktion erzeuge zusätzlich die Rekombination der Gene, erhöhe die Variabilität und mache die Art anpassungsfähiger, habe jedoch keine entscheidende Beziehung zur Ausbreitung der Gene in der Population. Ferner erfolge bei eineltrigen Organismen selbstverständlich keine Ausbreitung von Genen in andere Populationen durch Kreuzung, aber auch bei ihnen gebe es einen Wechsel von Individuen zwischen Populationen, die Reproduktion von Nachkommen in der anderen Population und deren dortige Integration und weitere Fortpflanzung. Auch werde bei beiden Reproduktionsweisen die Isolation durch das Fehlen von Migrationsmöglichkeiten, von effektiver Reproduktion in einer neuen Umwelt oder der Integration der Nachkommen gefördert. Zwar sei die Evolution bei Eineltrigkeit und bei Zweieltrigkeit unter vielen bedeutungsvollen Aspekten verschieden, aber das ändere nichts an der Tatsache, daß in beiden Fällen Arten gebildet werden, die in e i n e r angemessenen Definition erfaßt werden können.

Eine schwache Stelle von SIMPSONs Konzeption ist die undefinierte Verwendung des Terminus „Population“. Dieser wird einmal in der Genetik verwendet und bezieht sich hier ausschließlich auf zweieltrige Organismen (MENDEL-Population). Zum anderen gebraucht man ihn in der Ökologie gewöhnlich für die Gesamtheit der Individuen einer Art, aber auch von Arten in bestimmter Hinsicht ähnlicher Lebensweise (z. B. Höhlenbrüterpopulationen und Greifvogelpopulationen bei Vögeln), in einem bestimmten Gebiet. Hier wird der Artbegriff vorausgesetzt. Weder der genetische noch der gängige ökologische Populationsbegriff passen zur SIMPSONschen Verwendung des Terminus. Er wird jedoch sinnvoll, wenn man „Population“ auf die überorganismischen Elemente der Biozönosen bezieht, seien sie nun Populationen zweieltriger Organismen, die in die Art als umfassendste Fortpflanzungsgemeinschaft (MENDEL-Population) aller sich kreuzenden Teilpopulationen verschiedener Biozönosen integriert sind, oder Gesamtheiten von Klonen oder reinen Linien. Wichtig ist, daß SIMPSON zwei einander bedingende Sachverhalte klargestellt hat:

1. Gruppen eineltriger Organismen verhalten sich in der Evolution in wesent-

licher Hinsicht wie genetische Populationen und Arten zweieltriger Organismen;
2. aus evolutionstheoretischer und ökologischer Sicht wird deutlich, daß eine klassenlogische Auffassung der Gruppen eineltriger Organismen diesen so wenig angemessen ist wie den Arten der Zweieltrigen.

Das wird durch TIMOFEJEW-RESSOWSKY, WORONZOW & JABLOKOW (1969, S. 195 f.) de facto bestätigt. Sie erklären, der Artbegriff „in strenger Form" sei an sich zweieltrig-geschlechtlich fortpflanzende Organismen gebunden und nicht auf sich ausschließlich eineltrig vermehrende Organismen anwendbar. Dann verweisen sie aber auf die Teilcharakteristik der Art als System von Genotypen, die einen bestimmten Platz in Biogeozönosen einnehmen und deshalb ein gemeinsames evolutionäres Schicksal haben, das von der Ähnlichkeit der Selektionsbedingungen abhängt. In dieser Richtung sei es vielleicht möglich, auf die eineltrigen Organismen Begriffe anzuwenden, die dem Artbegriff analog und äquivalent sind. Vom evolutionstheoretischen und phylogenetisch-systematischen Standpunkt sei die strikte Beschränkung des Artbegriffes auf zweieltrige Formen sehr wichtig. Andererseits sei jedoch nicht zu bestreiten, daß die natürliche Auslese unter dem Einfluß mehr oder weniger übereinstimmender Bedingungen wie bei den zweieltrigen Organismen (als Ergebnis der reproduktiven Konkurrenz der Genotypen) so auch bei den eineltrigen Formen (als Ergebnis der reproduktiven Konkurrenz der verschiedenen Klone und reinen Linien) in bestimmtem Maße analoge Taxa hervorbringen kann.

SIMPSON wie TIMOFEJEW-RESSOWSKY, WOROWZOW & JABLOKOW reflektieren die gleiche Sachlage; ersterer hebt die Gemeinsamkeiten zwischen Organismengruppen bei eineltriger und zweieltriger Fortpflanzung hervor, letztere erkennen sie an und betonen die Verschiedenheit. Festzuhalten ist die Existenz von natürlichen Einheiten, überorganismischen Systemen, bei den eineltrigen Organismen, die den Arten im Sinne der „biologischen Artkonzeption" analog und äquivalent sind. Beide Formen überorganismischer Systeme gehören zu einem Typ von Systemen, die MALINOWSKI (1969) diskrete oder korpuskulare Systeme nennt, und unterscheiden sich nur durch den unterschiedlichen Grad ihrer Organisiertheit. „Die Systeme vereinigt die gleichartige Beziehung zur Umgebung, die sie zwingt, sich ähnlich zu verhalten, auch ohne direkte Beziehung miteinander. Ein ansehnliches Beispiel solcher Systeme in der nichtlebenden Natur bildet die Bewegung einzelner Sandkörnchen in einem Fluß, die zwar nicht miteinander verbunden sind, aber infolge ihrer Ähnlichkeit in Gestalt und Gewicht trotzdem am gleichen Ort abgelagert werden und mächtige Anschwemmungen in Form von Sandbänken und Landzungen bilden können", schreibt MALINOWSKI (1969, S. 138 f.) Er zeigt, daß Systeme dieses Typs in der lebenden Natur weit verbreitet sind und führt dabei auch die Arten an. In reiner Form bestehen diese Systeme aus Elementen, die praktisch nicht miteinander verbunden sind, wie dies bei eineltrigen Organismen der Fall ist. Demgegenüber besitzen die

Arten zweieltriger Organismen durch die Rekombination der Gene und den dadurch konstituierten Gen-Pool einen höheren Grad der Organisiertheit. Gemeinsame Strukturebene der lebenden Natur und gleicher Systemtyp rechtfertigen es, eine gegenüber der „biologischen Artkonzeption" weitere Fassung des Artbegriffs im Sinne einer über diese Konzeption hinausgehenden und sie als eine Möglichkeit einschließenden Systemauffassung der Art anzustreben. In dieser Richtung liegen beide von SAWADSKI (1968) für die Lösung des hier behandelten Teils des Artproblems herausgestellten Prinzipien der Universalität der Art, d. h. der Integration aller Organismen in Arten, und der Ungleichwertigkeit der Arten, d. h. es gibt verschiedene Formen von Arten, von denen eine in der „biologischen Artkonzeption" erfaßt ist.

SAWADSKI charakterisiert die Art als eine der fundamentalen Existenzformen des Lebens, die ein besonderes, überindividuelles Organisationsniveau des Lebendigen repräsentiert. Als statistisch determiniertes System und Wirkungsfeld der natürlichen Auslese könne die Art sich lange Zeit selbst reproduzieren und mit unbestimmter Dauer existieren wie auch selbständig evolutionär entwickeln. Sie sei Träger und grundlegende Einheit des Evolutionsprozesses. Weiter zeigt SAWADSKI die immanente Widersprüchlichkeit der Art: als Resultat der Evolution befindet sie sich in einem relativ stabilen Zustand, ist qualitativ bestimmt, ein Ganzes, an eine gegebene Umwelt angepaßt, stabil, von anderen Arten isolierte diskrete Einheit. Aber als Knotenpunkt und aktiver Träger der Evolution ist sie weniger bestimmt, von zusammengesetzter Natur, veränderlich, labil, besitzt fließende Grenzen.

Wenn die Art zugleich universale und unterschiedliche Organisationsform des Lebendigen ist, muß es Gemeinsamkeiten, allgemeine Merkmale aller verschiedenwertigen Arten geben. SAWADSKI nennt zehn solcher allgemeinen Merkmale:

1. Vielheit. Die Art umschließt eine große Anzahl von Individuen, d. h. sie erscheint als überindividuelles Gebilde. Das Niveau der Vielheit der Art gehört zu ihren qualitativen Charakteristika.

2. Typ der Organisation. Die Art besitzt eine einheitliche genetische Grundlage. Die genotypische Einheit der Art zeigt sich in der Spezifik des Systems DNS-RNS-Eiweiß, in der Ähnlichkeit des Typs der Stoffwechselreaktionen, der morphologischen Prozesse, des inneren und äußeren Baues der Individuen, aber auch in der Ähnlichkeit der innerartlichen Beziehungen in den Populationen. Die Art ist ein relativ homogenes (isomorphes) Gebilde und tritt als Organisationstyp in der Qualität einer besonderen Einheit hervor.

3. Reproduktion. Die Art ist ein sich in der Natur selbständig reproduzierendes Gebilde, das fähig ist, im Prozeß der Vermehrung seine qualitative Bestimmtheit zu erhalten.

4. Diskretheit. Die Art ist ein biologisches Einzelnes, das als mehr oder weniger abgesondertes (isoliertes) Gebilde existiert und sich entwickelt.

5. Ökologische Bestimmtheit. Die Art ist an Existenzbedingungen angepaßt

und um sie konkurrenzfähig. Sie besitzt einen bestimmten besonderen Platz in ökologischen Systemen und tritt als besonderes Glied im Umlauf der Stoffe und in den Wechselbeziehungen des Lebendigen untereinander in Erscheinung.

6. Geographische Bestimmtheit. Die Art besiedelt in der Natur ein bestimmtes Territorium. Das Areal ist in der Regel ein obligatorischer Zug, der zum Charakter der Art gehört.

7. Mannigfaltigkeit der Formen. Die Art ist in sich differenziert und besitzt eine innere Struktur. Sie schließt viele gleichartige Formen ein und tritt als System in Erscheinung, dessen spezifische grundlegende Einheit die lokale Population (System von Klonen oder aber ein Dem) ist.

8. Historizität. Die Art ist ein zu evolutionärer Entwicklung fähiges System. Die Historizität der Art äußert sich in ihrer zeitlichen Existenz als besonderer phylogenetischer Zweig (Art in der Zeit oder Phratrie).

9. Widerstandsfähigkeit. Die Art besitzt keine vorgegebene, endogen bestimmte Existenzdauer in der Natur. Ihre Fähigkeit, sich im Verlauf eines gewissen geologischen Zeitraumes ihre qualitative Bestimmtheit zu erhalten, ist ein spezifischer Zug der Art.

10. Ganzheit. Die Art ist eine Abstammungsgemeinschaft, die durch innere Beziehungen vereinigt ist, und nicht eine Summe von Individuen, ein additives Gebilde. Die Art ist eine überindividuelle Organisationsform der lebenden Materie.

Arten sind nach SAWADSKI solche und nur solche Gebilde, denen alle zehn aufgeführten Merkmale zukommen. Sie gehören zur Charakteristik jeder beliebigen Art, unabhängig von der Fortpflanzungsweise, der Organisationshöhe, der Ernährungsweise usw. Diese Konzeption der Art gibt den auch bei MAYR (1963) enthaltenen Problemen des vergleichend-systematischen Studiums der Arten als Organisationsform des Lebendigen, ihrer Typologie und Klassifikation, ihrer inneren Struktur, der Artbildung sowie der Evolution der Art als Organisationsform des Lebendigen eine breite und solide Basis und fordert solche Forschungen heraus. Primär durch sie und kaum durch die Konfrontation von Artdefinitionen ist der weitere Fortgang der Lösung des Artproblems zu erwarten. Sie läuft unmittelbar weniger auf eine neue Definition, als vielmehr auf eine Theorie der Art hinaus, deren Fazit eine Definition nur sein kann.

Literaturverzeichnis

ABDYLAJEW, T. A., Der Begriff „Art“ in der modernen Biologie, (Russ.) Frunse, 1971.

BERG, R. L. & TIMOFEJEW-RESSOWSKI, N. W., Über Wege der Evolution des Genotyps. In: Probleme der Kybernetik, Bd. 5. Berlin, 1964.

EHRENDORFER, F., Cytologie, Taxonomie und Evolution bei Samenpflanzen. In: TURRILL, W. B., (Ed.), Vistas in Botany, Vol. IV. Oxford – London – New York – Paris, 1964.

GÜNTHER, E., Grundriß der Genetik. Jena, 1969.

GÜNTHER, K., Systematik und Stammesgeschichte der Tiere 1939–1953. In: Fortschritte der Zoologie, Bd. 10. Stuttgart, 1956.

–, Systematik und Stammesgeschichte der Tiere 1954–1959. In: Fortschritte der Zoologie, Bd. 14. Stuttgart, 1962.

HENNIG, W., Grundzüge einer Theorie der phylogenetischen Systematik. Berlin, 1950.

HERTWIG, P., Zur Frage der Evolution der Sexualität und der Entstehung verschiedener geschlechtsbestimmender Systeme. In: GERSCH, M. (Hrsg.), Gesammelte Vorträge über moderne Probleme der Abstammungslehre, Bd. II. Jena, 1967.

HEYWOOD, V. H., Taxonomie der Pflanzen. Jena, 1971.

LÖTHER, R., Die Beherrschung der Mannigfaltigkeit. Jena, 1972.

LÖVE, A., The biosystematic s pecies concept. Preslia, *34* (1/2) (1962).

–, The biological species concept and its evolutionary structure. Taxon, *13* (2) (1964).

MALINOWSKI, A. A., Einige Fragen der Organisation biologischer Systeme: In: Organisation und Leitung (Sammlung Akademie-Verlag, Bd. 6). Berlin, 1969.

MAYR, E., Animal Species and Evolution. Cambridge/Mass., 1963.

–, Principles of Systematic Zoology. New York – St. Louis – San Francisco – Toronto – London – Sidney, 1969.

SAWADSKI, K. E., Art und Artbildung. (Russ.) Leningrad, 1968.

SIMPSON, G. G., Principles of Animal Taxonomy. New York – London, 1961.

THIMANN, K. V., Das Leben der Bakterien. Jena, 1964.

TIMOFEJEW-RESSOWSKI, N. W., WORONZOW, N. N. & JABLOKOW, A. W., Kurzer Abriß der Evolutionstheorie. (Russ.) Moskau, 1969.

TRÜMPER, E., Morphospezies – Chronospezies. Ber. geol. Ges. DDR, 10 (4) (1965).

–, Die Bedeutung biologischer Faktoren für eine moderne Auffassung des Begriffes Leitfossil (Tagungsbericht). Ber. deutsch. Ges. geol. Wiss. – A – Geol. Paläont., *14* (3) (1969).

WITTMANN, W., Biologisch-philosophische Aspekte bei der Eingliederung der Viren in das System des Lebendigen. Monatsh. Veter. med., *25* (6) (1970).

Anschrift des Verfassers: Prof. Dr. sc. phil. ROLF LÖTHER, Akademie für Ärztliche Fortbildung der DDR, Sektion Philosophie und Wissenschaftstheorie in der Medizin, 1134 Berlin-Lichtenberg, Nöldnerstr. 34–36. DDR.

Aus der Sektion Biologie der Humboldt-Universität zu Berlin

Populationsgenetik und die infraspezifische Struktur und Dynamik der Art

URSULA NÜRNBERG

Populationsgenetische Forschung, die in gewissem Umfang bereits im vergangenen Jahrhundert von GALTON in England auf humangenetischem Gebiet begonnen worden war, setzte in Deutschland ebenfalls vor allem in der Humangenetik ein. Aus dieser Zeit sind die Namen WEINBERG und BERNSTEIN bekannt. Die Tatsache dieses Beginnes populationsgenetischer Forschung an dem Erbverhalten in menschlichen Familien oder Populationen kennzeichnet die Möglichkeiten, die eine derartige genetische Analyse bietet, nämlich die Untersuchung von Populationen, ohne direkt ein Kreuzungsexperiment anzusetzen. Ihre hauptsächliche Entwicklung hat sie jedoch aufbauend auf GALTON weiterhin in England genommen auf Grund der Tatsache, daß hier das Interesse an der Genetik besonders durch die Arbeit der Mitglieder der Biometrischen Gesellschaft gefördert wurde. Die Populationsgenetik hat zum Gegenstand das Studium der Häufigkeit von Genotypen und damit von Genen in Populationen und analysiert die diese Häufigkeiten oder die Häufigkeitsbewegung bedingenden Kräfte. Die starke Ausstrahlung dieses Forschungsgebietes auf die Evolutionsforschung wie auch auf die Züchtung entwickelte ganz spezifische Arbeitsweisen, die darin gipfeln, daß theoretische Modelle entwickelt werden und in Stichproben die Übereinstimmung der Verhältnisse in natürlichen Populationen mit diesen Modellen geprüft wird.

Zur Erarbeitung solcher Modelle ist zunächst von der Betrachtung monogener oder digener Spaltungsverhältnisse ausgegangen worden. Dabei wurden mathematische Formulierungen erarbeitet, die alle in der Natur verwirklichten Möglichkeiten der Reproduktion von Organismen einschließen sowie unterschiedliche Grade einer Selektionswirkung und unterschiedliche Populationsgrößen mit erfassen. Als Extremmodelle im Hinblick auf den Fortpflanzungsmodus sind dabei auf der einen Seite reine Autogamie sowie auf der anderen Seite absolute Panmixie zu betrachten. In der Natur kommen bekanntermaßen äußerst unterschiedliche und selbst innerhalb einer Population variable Formen der Fortpflanzung vor. Der Grad der Fremdbefruchtung bei potentiell voll autogamen Arten ist stark umweltabhängig, z. B. von der Temperatur. Ein Beispiel hierfür ist der als autogam betrachtete Kulturweizen. Die Ausbildung der Fremdbefruchtung ist von der Ausbildung der Sexualtypen, von Bestäubungsmechanismen und beeinflußbaren Inkompatibilitätsverhältnissen abhängig. Volle Panmixie ist ein theoretisches Extrem, das praktisch nicht absolut verwirklicht wird. Zwischen vielen Pflanzenarten sind weitgehende Differenzen im Lebensalter, dem Reifealter und der Überdauerungsfähigkeit bekannt. Vegetative Vermehrungsformen vielfältigster Art spielen für die Gestaltung des Genpools und seine Bewegung eine Rolle.

Es wird an der Kompliziertheit der Situation in der Realität der lebenden Arten klar, daß zur Gewinnung von Modellvorstellungen von einfachsten Situationen Ausgangspunkte gesucht werden müssen.

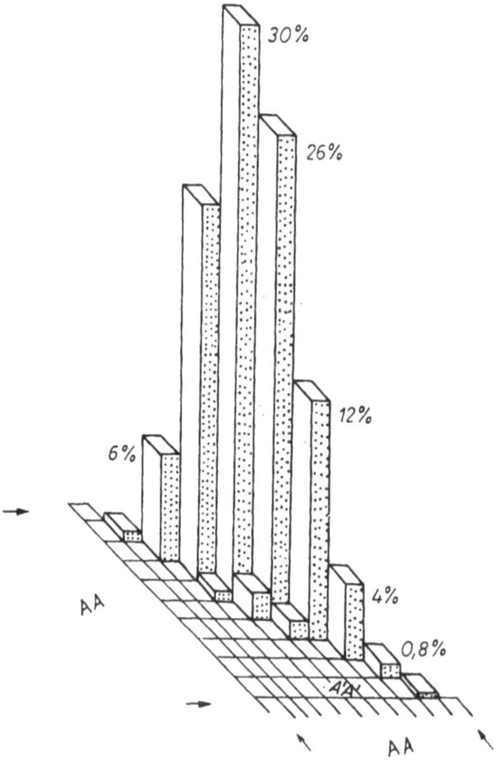

Abb. 1. Genotypische Konstitution einer im Gleichgewicht befindlichen panmiktischen Population mit 1000 Genloci je Individuum und konstanter Mutationsrate (nach BRIEGER 1958)

Es ergeben sich somit zwei Zielstellungen für die populationsgenetische Arbeit mit Arten

A) Die Erfassung und Beschreibung von Sippen auf Grund der registrierten Merkmalskomplexe und ihrer Variabilität durch die Untersuchung der genetischen Zusammensetzung der Sippe als Zustand

B) Die Untersuchung der Dynamik von Sippen und die Erarbeitung von Prognosen für die mögliche Entwicklung an Hand von Modellen

Die Untersuchung einer Population auf bestimmte Genotypenverteilungen kann nur erfolgen über die Erfassung der Phänotypen in ihrer quantitativen Verteilung. In vielen Fällen sind die Merkmalskomplexe, die als real erfaßbare Merkmale registriert sind und eine Auswahl aus dem vollständigen Komplex der Merkmale darstellen, nach der Definition von VENT aus der Sippenstruktur, genetisch und genphysiologisch sehr komplizierter Natur. Daher liegen tiefergehende Analysen erst für wenige Species bzw. kleinere Populationen aus wenigen Species vor. Auch in menschlichen Populationen sind bisher am besten untersucht einfache monogen vererbende Unterschiede wie z. B. in bezug auf die Blut- und Serumgruppen (PROKOP). Voraussetzung für eine populationsgenetische Erfassung ist somit zunächst die Analyse der genetischen Grundlage der betrachteten variierenden Merkmale. Diese ist bei den Kulturpflanzen verständlicherweise viel weitergetrieben als bei Wildspecies.

Sehr stark im Vordergrund steht jedoch bei der populationsgenetischen Betrachtung die Dynamik von Populationen.

Die Entwicklung der angeführten Modelle beruht auf der Basis des Verhaltens mendelnder Merkmalsunterschiede. Geht man theoretisch zunächst von einer zahlenmäßig großen Gruppe genetisch identischer Individuen aus und nimmt man völliges Fehlen von Selektion sowie unbeschränkte Fortpflanzungsmöglichkeit an, so bleibt eine einmal auftretende Mutation mit gleicher relativer Häufigkeit in einer Population erhalten. Hat in einer diploiden Population das Gen A die Häufigkeit q und tritt die Mutation zu a mit der Häufigkeit 1–q auf, dann ist das Verhältnis von $A : a = q/(1-q) =$ const. unabhängig von der Species und der Fortpflanzungsweise. Bei Panmixie bleibt unter gleichen Voraussetzungen nach dem HARDY-WEINBERG-Gesetz auch das Genotypenverhältnis konstant: $q^2AA : 2q(1-q)\ Aa : (1-q)^2$ aa.

Bei der Einschränkung der Fortpflanzungsmöglichkeit gewinnt jedoch bei fehlender Selektion der Zufall Bedeutung und wirkt auf die Erhaltung der Mutante ein. Tritt z. B. beim Mais eine einmalige Mutation von A zu a bei 2 Millionen Keimzellen auf, so bedeutet das, daß unter einer Million AA Individuen ein Individuum Aa entstehen kann. Zur Erzeugung dieser Samenmenge wären beim Mais mit durchschnittlich 400 Korn je Pflanze 2500 Individuen erforderlich. Bliebe der Anbau in der nächsten Generation wieder auf 2500 Pflanzen beschränkt, so würde nur in $1-0{,}999999^{2500}$, d. h. nur in etwa 24 unter 10 000 oder einmal unter 400 Fällen die Aa Pflanze zur Entwicklung kommen. Kommt ein Individuum aus dieser Kombination aber einmal zur Blüte und Fortpflanzung, so werden die Chancen für das Wiederauftreten dieser Kombination in der nächsten Generation wesentlich günstiger. Es wären a führende Genotypen in der nächsten Generation unter 2500 Individuen mit rund 63 % zu erwarten. Bleibt die Folgegeneration von der gleichen Größe, so bleibt dieser Wert konstant, gleichgültig, ob der mutierte Typ einmal unter 1 Million oder einmal unter 10 Individuen auftritt, wenn dementsprechend auch die Zahl der Nachkommen 1 Million bzw. 10 beträgt. Trotz dieser anfänglichen guten Erhaltungschance bleibt die Wahrscheinlichkeit, daß die Mutation Hunderte von Generationen überdauert, trotzdem gering. Nach FISHER (1930) würden nur 1,5 % aus der einmal aufgetretenen Mutation mehr als 127 Generationen überdauern. Nun ist die Mutation eines Gens bekanntermaßen kein einmaliges Ereignis. Man müßte vielmehr in entsprechend großer Zeitspanne eine restlose Überführung von A in a erwarten, wenn dem nicht eine Rückmutation von a zu A entgegen-

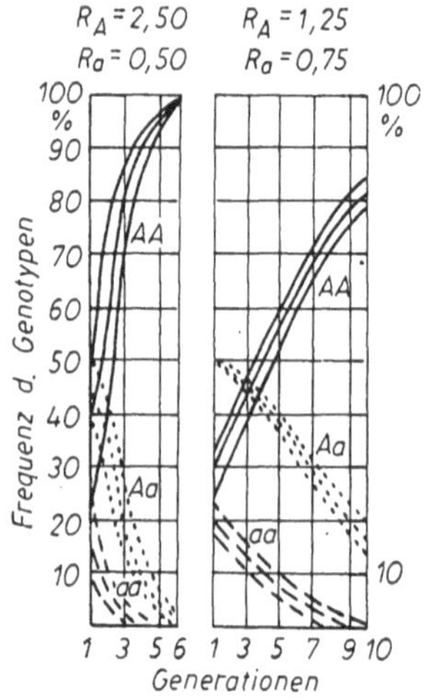

Abb. 2. Verlauf der Selektion zugunsten eines partiell dominanten supervitalen Gens A in panmiktischen Populationen bei einer Starthäufigkeit von A wie a von 0,5. R = survival index (nach BRIEGER 1948)

wirkte. Bei einer Mutationshäufigkeit von 1 % und einer Rückmutationsrate von 0,5 % würde sich ein Gleichgewichtszustand einpegeln mit einer relativen Häufigkeit von A = 1/3 und a = 2/3. Damit wäre dann der Bestand des neuen Typs aa gesichert.

Praktisch ist natürlich eine Species nie aus genotypisch identischen Individuen zusammengesetzt, sondern zeigt eine erhebliche Variabilität, die zusätzlich zu der modifikativen Varianz sich in alternative Variabilität und fluktuierende genetische Variabilität gliedern läßt. Die Erarbeitung der genetischen Struktur taxonomischer Einheiten bildet ein gesondertes Forschungsgebiet, das der Idiotaxonomie.

In der mendelistischen genetischen Forschung war zunächst das Verhalten von Genen analysiert worden, die alternative Variabilität bedingen, also solchen, die deutlich erkennbare mendelnde Erbgänge aufweisen. Beim lebenden Organismus hat jedoch die fluktuierende Variabilität erhebliche Bedeutung. Während man zunächst die populationsgenetischen Modelle auf Grund des Verhaltens einfach mendelnder Gene entwickelt hat, bildet heute berechtigterweise die sogenannte quantitative Genetik, die Analyse von Polygenen und ihrer Wirkung ein besonderes Kapitel und wird mit Recht der Populationsgenetik zugeordnet (WRICKE 1971). Derartige Gene bilden die Ursache für eine weitere wesentliche Komplizierung der Struktur.

Geht man von der Definition der Species aus als einer Gruppe von Organismen mit bestimmten Merkmalskomplexen, die einen gemeinsamen Genpool haben, so ergibt sich die zentrale Frage, wie bei Einhaltung dieser Kriterien eine Differenzierung innerhalb derartiger Organismengruppen erfolgen kann. Zweifellos spielen hierbei neben Problemen der Besiedlungsareale

Abb. 3. Areal von *Secale kuprijanovii* im Kaukasusgebiet im offenen Gelände in ca. 2000 m Höhe.

Abb. 4. Kleines isoliertes Areal von *Secale kuprijanovii* im Kaukasus in einer Waldlichtung.

edaphische, klimatische und biologische Faktoren eine Rolle. Bei einer zeitweiligen Areal-Trennung kann besonders bei unterschiedlicher Größe der Populationen jedes Teilareals eine Verschiebung in den Häufigkeiten der verschiedenen Gene in der Gesamtpopulation eintreten. Die Abbildungen zeigen eine solche Situation für *Secale kuprijanovii* im Kaukasusgebiet (Abb. 3 u. 4).

Ebenso kann aber auch z. B. durch Temperaturdifferenzen im Verbreitungsgebiet bedingt eine Störung im ungehinderten Genfluß als Folge einer Blütezeitverschiebung eintreten. Einen ähnlichen Effekt kann auch bei anemogamen Formen das Vorliegen einer bevorzugten Windrichtung haben. Dabei muß es zwangsläufig auf der einen Seite des Areals zu einer Genverarmung, auf der anderen Seite zu einer Genanreicherung kommen. Wesentlich ist jedoch, daß die für die Species charakteristischen genetischen Grundlagen in der Gesamtpopulation erhalten bleiben. Die Standorte von *Secale dalmaticum*

Abb. 5. Areal von *Secale dalmaticum* an den Steilhängen oberhalb Kotor.

Abb. 6. Größere Population von *Secale dalmaticum* in ca. 50 m Höhe.

an den Berghängen an der Bucht von Kotor lassen solche Möglichkeiten erkennen (Abb. 5–7).

Das Gesagte gilt mit Sicherheit für die Oekotypen nach der Definition von TURESSON. In seinem Versuchen war z. B. *Campanula rotundifolia* aus Freiburg in Akarp mehr als doppelt so hoch wie die aus Are, im August

Abb. 7. Kleine Population von ***Secale dalmaticum*** ca. 150 m oberhalb der Stadt mit geringerer Fortpflanzungsrate.

war die Freiburger Herkunft erst in Blüte, die anderen in voller Frucht bei gleichem Biotyp. Oder der Oekotypus „*alpinus*" bei *Geum rivale* oder den folgenden Species

Leontodon autumnalis
Melandrium rubrum
Myosotis silvatica
Ranunculus acer
Rumex acetosa und
Solidago virgaurea

bietet eine derartige Situation.

WETTSTEINS Einbeziehung des Areals in die Definition des Speciesbegriffes erscheint im Hinblick auf die Dynamik der Art voll berechtigt. Betrachtet man die Verhältnisse bei *Melandrium dioicum,* so ergeben sich zwar keine morphologischen Differenzen zwischen der Sippe in Schweden nach WESTERGAARD und der in Nordamerika nach BLAKESLEE, jedoch die differente genetische Entwicklung der Valenz der Geschlechtsbestimmungsfaktoren würde allmählich zu einer Isolierung führen. Wenn die Berührung der Areale möglich wäre, würde bei Vermischung Intersexualität enstehen.

Von wesentlicher Bedeutung ist sicher, daß im Verhalten von dominanten bzw. rezessiven Genen ein erheblicher Unterschied besteht. Da jede Selektionswirkung am Phänotyp erfolgt, sind dominante Gene direkt dem Selektionseffekt ausgesetzt, während rezessive Allele außerordentlich lange erhalten bleiben können. Dabei spielt besonders die Schwankung zwischen den Lebensbedingungen der einzelnen Vegetationsperioden eine erhebliche Rolle, durch die ein rezessives Gen nach anfänglicher Zurückdrängung eine plötzliche starke Vermehrung erfahren kann. Wir untersuchten die Häufigkeit einer weißblühenden Mutante von *Polemonium coeruleum* in einer isolierten Lichtung am Waldrandgebiet des Naturschutzparkes in Biełowiéza. In Abhängigkeit besonders von den Wasserstandsverhältnissen einer Reihe aufeinanderfolgender Jahre änderte sich der relative Anteil an weißblühenden Pflanzen. Die Fortpflanzung der Art erfolgt sexuell durch Vermittlung bestäubender Insekten, die beim Beflug wahllos weiß- oder blaublütige Pflanzen besuchen, zusätzlich hat sich vegetative Vermehrung ausgebildet (Abb. 8 bis 10).

Im Hinblick auf den Umfang der bei solchen Untersuchungen zu nehmenden Proben zeigt sich, daß die Abschätzung einer Entwicklungstendenz für eine bestimmte Organismengruppe von der Genauigkeit des entworfenen Modells abhängt. Am besten analysiert sind bisher Sippen von *Drosophila* vornehmlich von DUBININ in der Sowjetunion und von DOBZHANSKY in den USA, Ansätze gibt es für Pflanzen bei *Arabidopsis thaliana*.

Hinsichtlich der Verteilung von verschiedenen Sippen einer Species sind

Abb. 8. Weiße Mutante neben der normalen blaublühenden Form von *Polemonium coeruleum*.

auch Fälle bekannt, in denen ein gemeinsames Areal besiedelt ist. Es läßt sich aus der rein morphologischen Erhebung kein Rückschluß ziehen über die Rekombinationsverhältnisse und den Genfluß zwischen zwei derartigen Sippen. In solchem Falle kann, wenn man die Frage der relativen Isolation

Abb. 9. Waldlichtung mit praktisch rein blauem *Polemonium*bestand.

Abb. 10. Einige Jahre später starker Anteil an weißblühenden Pflanzen im gleichen Areal.

ungeklärt läßt, ein absoluter Trugschluß gezogen werden und Angehörige einer Sippe taxonomisch in zwei aufgegliedert werden.

Eine besondere Problematik bilden die früher gewöhnlich als eigene Species aufgefaßten Einheiten, die sich durch getrennte geographische Verbreitung voneinander herausgebildet haben. Hier bildet gerade die Gattung *Secale* ein Musterbeispiel, in der von den älteren russischen Autoren bis zu

30 Arten unterschieden worden waren. Die morphologischen Differenzen zwischen diesen sogenannten Arten, die heute im allgemeinen zu Gruppen von Varietäten zusammengefaßt sind, sind gering und bestehen in der abgestuften Ausbildung quantitativer Merkmale. Der Forderung hinsichtlich des fehlenden Genflusses als Charakterisierung von Species wurden sie gerecht durch die absolut geographische Trennung (Abb. 11). Jedoch beruht

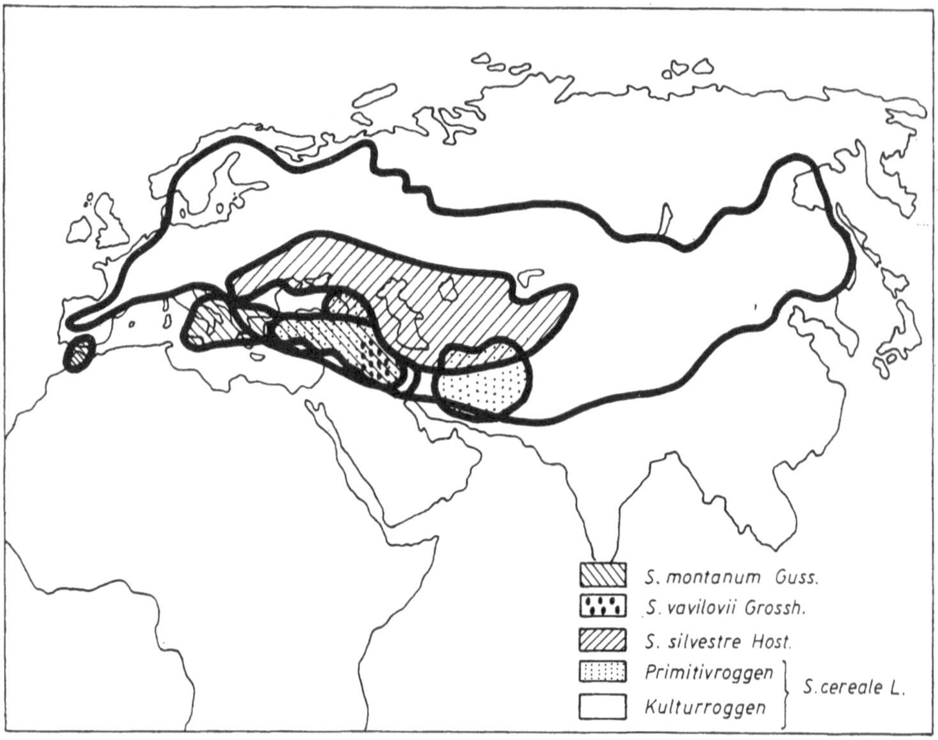

Abb. 11. Verbreitungskarte der *Secale*-Arten.

das Fehlen des Genflusses nicht auf einer biologischen Unmöglichkeit, es besteht somit keine echte Artbarriere und Kreuzungen sind leicht zu erhalten. Auf der anderen Seite ist innerhalb einer Varietät die Variabilität sehr groß wie aus der Abb. 12 ersichtlich in bezug auf Bestockung und Lebensdauer.

Diese fluktuierende Variabilität kann sich kontinuierlich oder diskontinuierlich in der phänotypischen Ausprägung darstellen. Sie ist jedenfalls mit quantitativen Untersuchungsmethoden erfaßbar. Häufig zeigt sich eine Normalverteilung bei Proben von mehr als 30 Individuen.

Es taucht aber außerdem die Frage auf, ob Untereinheiten einer Art auch dann als verschiedene Sippen angesprochen werden sollten, wenn sie morphologisch kaum unterscheidbar sind, sich also ohne ein genetisches Experiment nicht voneinander trennen lassen, in der Kreuzung aber deutlich hervorgeht, daß genetische Differenziertheit vorliegt. Diese Situation wurde für *Malandrium dioicum* schon erwähnt. Genetische Differenziertheit kann jedoch auch vorliegen ohne Richtung auf die Entwicklung von Isolationsmechanismen. Die Gattung *Secale* gibt Beispiele dafür, das morphologisch kaum voneinander zu trennende Populationen genetisch different sind. Das geht aus dem eindeutigen Auftreten eines Hybrideffektes nach der Bastardierung hervor.

Daß die Ursachen für die Herausbildung der Infrastruktur von Arten und die Mechanismen für die Dynamik einer Art sehr mannigfaltig sind, ist aus dem Dargelegten deutlich geworden. Bewirken auch in vielen Fällen

Abb. 12. Variabilität einer Absaat von *Secale Kuprijanovii* in Bestockung und Lebensdauer im 3. Vegetationsjahr.

Gene, die alternative Variabilität hervorrufen, die Trennung zwischen verschiedenen Taxa hinsichtlich der morphologischen Unterscheidung (es sind Beispiele bekannt, bei denen die Differenz zwischen verschiedenen Species durch einige wenige Gene bedingt wird), so ist doch die Schlußfolgerung LAMPRECHTs nicht zu akzeptieren, daß es spezifische, generell die Trennung von Arten bedingende Gene gäbe.

Im Hinblick auf die Struktur der Art, ihre Infrastruktur und ihre Dynamik gelten die Gesetzmäßigkeiten der Vielfalt der Möglichkeiten. Die Populationsgenetik bietet einen Weg zur Erfassung der natürlichen Verhältnisse und weiterhin auch zur gezielten Steuerung dieser Prozesse in der Züchtung wie im Umweltschutz.

Literaturverzeichnis

BERNSTEIN, F., Über die Erblichkeit der Blutgruppen. Z. indukt. Abstamm.- u. Vererb.Lehre, *54,* 400 (1930).
BLAKESLEE, A. F. & WARMKE, H. E., Effect of polyploidy upon the sex mechanism in dioecious plants. Genetics, *24,* 88–89 (1938).
BRIEGER, F., Populationsgenetik. In: Handb. d. Pflanz. Züchtung 2. Aufl., Band 1, 176–224. 1958.
DOBZHANSKY, TH., Genetics of natural populations. XIX Origin of heterosis through natural selection in populations of *Drosophila pseudoobscura.* Genetics, *35,* 288–302 (1950).
–, A review of some fundamental concepts and problems of population genetics. Cold Spring Harbor Symposium on Quantitative Biology, *20* (1955).
DUBININ, N. P., DUBININA, L. G. & KESSLER, G. N., Cytological analysis of the natural mutation process. (Russ.) Zitologia (Moskau), 72–78 (1965).
FISHER, R. A., The Genetical Theory of Natural Selection. Oxford, 1930.
GALTON, F., Hereditary talent and character. Macmillan's Mag., *12,* 157 (1865).
LAMPRECHT, H., Die Entstehung der Arten. Wien – New York, 1966.
NÜRNBERG, U., Cytogenetische Untersuchungen an der Gattung *Secale* L. Z. Pflanzenzücht., *44* (1), 63–72 (1960).
–, Spontane Chromosomenmutationen in Populationen von *Secale kuprijanovii.* Biol. Zbl., *86,* 337–369 (1967).
PROKOP, O., Die menschlichen Blut- und Serumgruppen. Beitrag 2. Jena, 1966.
TURESSON, G., The Genotypical Response of the Plant Species to the Habitat. Hereditas, *3,* 211–315 (1922).
VENT, W., Merkmalskomplex – Sippenstruktur – Natürliches Pflanzensystem. Wiss. Z. HUB, Math.-Naturwiss. R., *11* (1962).
WEINBERG, W., Methoden und Fehlerquellen der Untersuchung auf MENDELsche Zahlen beim Menschen. Arch. Rassen- u. Geselllsch. biol., *9,* 165–174 (1912).
WESTERGAARD, M., The mechanism of sex determination in dioecious flowering plants. Advanc. Genetics, *9,* 217–281 (1958).
WETTSTEIN, R., Grundzüge der geographisch-morphologischen Methode der Pflanzensystematik. Jena, 1898.
WRICKE, G., Populationsgenetik. Sammlung Göschen Band 5005. Berlin – New York, 1972.

Anschrift der Verfasserin: Professor Dr. URSULA NÜRNBERG, Sektion Biologie der Humboldt-Universität Berlin, 104 Berlin, Invalidenstraße 43. DDR.

Diskussion

HANELT, Gatersleben
Ich habe eine Frage an Sie, Frau Professor. Sie erwähnten zwischendurch, daß Ihrer Meinung nach durchaus die Aufnahme geographischer Prinzipien in den Artbegriff zu fordern wäre, aber Sie haben uns eigentlich dann vorent-

halten, wie Sie sich diese Aufnahme dieser Prinzipien denken. Vielleicht können Sie dazu noch etwas ergänzend sagen, es sei denn, Sie meinen, daß das im Prinzip im Sinne von WETTSTEIN und seiner Schule gehandhabt werden sollte.

Zur Relevanz der Populationsgenetik für die Taxonomie, da würde ich persönlich etwas skeptisch sein (sicherlich mit Ausnahme der von Ihnen herangeführten Beispiele aus dem Kulturpflanzenbereich). Aber wir wissen doch, daß alle, auch die von Ihnen erwähnten HARDY-WEINBERG-Regeln und ähnliche Prinzipien der Populationsgenetik mit bestimmten Voraussetzungen arbeiten, wie z. B. absolute Panmixie und völliger Wegfall jeglicher unterschiedlicher Selektionswerte der behandelten Genotypen, also Bedingungen, die in der Natur nie realisiert sind und die wir allenfalls auf einem sauber präparierten Experimentierfeld nachahmen können. Daß wir dann in diesen Fällen gerade bei Kulturpflanzen natürlich gewisse Prinzipien der Populationsgenetik auch für praktische systematische Fragen einsetzen können, steht außer Zweifel, aber ich bezweifle sehr heftig, daß der normale Taxonom, der sich mit Wildpflanzen beschäftigt, irgendwelche Hilfestellung von seiten der Populationsgenetik erhalten kann.

NÜRNBERG, Berlin

Daß der Taxonom heute bereits einen wesentlichen Nutzen vom Gebrauch populationsgenetischer Modelle entwickeln kann, glaube ich auch nicht. So weit sind wir noch nicht. Die Funktion der Modelle ist zunächst die: Das Ausgehen von extremen Fällen, von denen ich eben nur zwei nannte; das eine wäre der der reinen Autogamie in einer Population bei Fehlen jeder Selektion, jedoch Vorliegen einer bestimmten angenommenen Mutationsrate, das andere Extrem einer solchen Modellmöglichkeit wäre das der absoluten Panmixie bei Einsatz bestimmter Selektionsgrößen und Einsatz bestimmter Mutationsgrößen. Der Gedanke ist, daß diese Grenzvorstellungen mathematische Formulierungen ermöglichen, die die gesamte Mannigfaltigkeit der unterschiedlichen Komposition eines Genotypes bei Annahme einer großen Genzahl umfassen können und davon ausgehend gestatten, Voraussagen über den Entwicklungsverlauf in Generationenfolgen zu machen. Die Nutzung durch einen Taxonomen heute ist in dieser Hinsicht möglich, daß bei entwickelten derartigen Modellen und dem Vergleich mit dem Verhalten einer natürlichen Art eine Schätzung vorgenommen werden kann, z. B. hinsichtlich einer vorhandenen Genzahl oder hinsichtlich des Selektionswertes bestimmter Faktoren. Die Entwicklung solcher Modelle setzt daher auch voraus – und da ist der Einsatz von Computern heute unerläßlich, weil in einem solchen Umfang einfach Berechnungen dieser Art nicht möglich sind –, daß abgeschätzt wird, wie genau Modelle sein müssen, um noch einen realen Aussagewert zu haben. Natürlich sind derartige Modelle zunächst entwickelt worden, um für den Ablauf von Züchtungsprozessen Voraussagen zu gestatten. Und die Entwicklung dieser Modelle ist in Arbeit, sie ist in keiner Weise abgeschlossen. Daß für die praktische Taxonomie also bereits derartige Vergleiche in größerem Umfang möglich sind, kann man nicht sagen, aber das habe ich auch, glaube ich, nicht behauptet. Wie schwierig es ist, Modellpopulationen aus lebenden Objekten zu erstellen, haben gerade die Untersuchungen von DOBZHANSKY und von DUBININ gezeigt. Es wird Ihnen vielleicht bekannt sein, daß DUBININ an natürlichen Populationen von *Drosophila* Untersuchungen gemacht hat, gerade im Zusammenhang mit während des Krieges zerstörten Städten in der Sowjetunion und nach dem Wiederaufbau dieser Städte. Daraus ergeben sich Überprüfungsmöglichkeiten für die Richtigkeit und das Zutreffen derartiger Modelle. Eine gezielte Nutzung ist natürlich die Perspektive, die diese Art der Experimente hat. –

Aus dem, was ich jetzt hinsichtlich der Bewertung der populationsgenetischen Analyse für die Taxonomie sagte, geht auch hervor, daß ich im Hinblick auf das Heranziehen der geographischen Verbreitung für die Einschätzung bestimmter taxonomischer Kategorien das Kriterium der Praxiswirksamkeit für wichtig halte, das heißt, daß tatsächlich der Forderung genüge getan werden muß, wie Herr Kollege SCAMONI es aussprach, daß man eine, den Verwandtschaftsverhältnissen gerecht werdende Gruppierung gibt, mit der man arbeiten kann. Und das ist in vielen Fällen nicht möglich, ohne daß man die geographische Verbreitung bestimmter Gruppen berücksichtigt.

SCAMONI, Eberswalde
Wird die weiße Form von *Polemonium coeruleum* vom Standort bewirkt oder nur von kurzfristigen Änderungen von bestimmten Standortsbedingungen?

Farbunterschiede bei Blüten von Wildformen kommen z. B. auch bei *Corydalis cava, Hepatica nobilis* und anderen Arten vor.

NÜRNBERG, Berlin
Es handelt sich bei *Polemonium* bei der weißen Form um eine Mutante, und zwar eine monogen vererbende Mutante, die wir im Kreuzungsexperiment geprüft haben. Und zwar ist die weiße Form rezessiv gegenüber der blauen. Bei *Polemonium* kommt für den Fortpflanzungsmodus komplizierend dazu, daß hier nicht nur eine Fortpflanzung durch Samen erfolgt, sondern auch eine vegetative Vermehrung durch Rhizome. Interessant war im Hinblick auf die Fortpflanzung bei der Bestäubung zu beobachten, daß eine Unterscheidung der weißen und blauen Blütenformen von den Insekten nicht vorgenommen wird, sondern daß wahllos kreuzweise beflogen wird, so daß tatsächlich durch die Veränderung der Bedingungen, durch ein Ansteigen des Wasserspiegels z. B. die eine Form in dem einen Jahr stark zurückgedrängt wird, dann aber wieder herausspaltet, daß also im Genotyp der blauen Population das rezessive weiße Allel erhalten bleibt.

LADWIG, Mühlhausen
Ein Beispiel, das vielleicht auch Aufschluß über die Möglichkeit der Erhaltung eines rezessiven Gens gibt, möchte ich versuchen, an zwei Arten zu demonstrieren.

Wir haben in unserer Nähe (Hainich) ein sehr sauber und auf viele Kilometer abgegrenztes Mikrovorkommen von *Colchicum autumnale*. Es zeichnet sich dadurch aus, daß etwa ein Drittel der Pflanzen weiß blüht. Seit Jahren wird die Stelle von mir beobachtet, und die weißen Pflanzen halten sich. In der ganzen Umgebung ist noch nie ein weißblühendes Exemplar wild aufgefunden worden. Es scheint also, daß sich in kleinen Populationen die Entmischung eines rezessiven Gens viel eher vollzieht als in großen, wo es allerdings, wie Sie sagten, latent doch erhalten bleiben kann.

Aus der Fahnerschen Höhe haben wir ein ähnliches Beispiel von der in Mittelthüringen sehr stark abgegliedert und in den kontrahierten Waldgebieten der Ackerlandschaft völlig isoliert wachsenden *Pulmonaria montana*. Die Art ist nur in einem Tale vorhanden, und darunter sind einige Exemplare einer Weißmutante. Auffallend ist weiter, daß die übrigen Pflanzen vorwiegend leuchtend blau blühen, während die übliche Farbe mehr zu dunklem Blauviolett tendiert. Hier zeigt sich ebenfalls die Möglichkeit der Entmischung von Rezessivgenen in der Ausprägung der Albinoform, während diese in Großpopulationen durch die hohe Gesamtmenge von Individuen nicht auftritt.

Vegetationseinheiten und Binnenstruktur der Art

A. SCAMONI

Bei Auswertung des Sippenbestandes von Vegetationseinheiten fällt es auf, daß auf der einen Seite nah verwandte Sippen in recht unterschiedlichen Einheiten vorkommen können, auf der anderen Seite Sippen über eine weite Amplitude von Pflanzengemeinschaften auftreten. Die erstere Tatsache, die in der Regel durch Sippen, die zur Binnenstruktur der Arten gehören, manifestiert wird, wirft die Frage auf, welche Beziehungen zwischen Vegetationseinheiten und solchen Sippen bestehen und welchen Einfluß die Vegetation auf die Entwicklung solcher Sippen hat. Die Beobachtungen zeigen auch, daß Sippen auf diese Einflüsse verschieden reagieren, die ersterwähnten durch Änderungen ihres Phäno- wie des Genotyps, die zweiterwähnten können phänotypische Änderungen (Modifikationen) aufweisen, zeigen jedoch keine Änderung des Genotyps. Zur ersten Gruppe kann man in etwa die stenöken, zur zweiten Gruppe die euröken Arten zählen.

Die Differenzierung der nah verwandten Sippen nach den Vegetationseinheiten findet sowohl in groß- wie kleindimensionierten Bereichen statt, so großklimatisch wie z. B. bei *Galium silvaticum* L. – *Galium schultesii* VEST = Galio-Carpinetum – Tilio-Carpinetum (diese Differenzierungen möchte ich bei meinen Betrachtungen ausklammern, sie sind z. B. durch die Arbeiten von MEUSEL [1943] sehr bekannt). Es schließen sich die etagealen Differenzierungen an, wo in den durch die Vegetation bestimmten Höhenstufen entsprechende nah verwandte Sippen auftreten, z. B. *Lamium galeobdolon* (L.) CR. – *montanum* (PERS.) BRIG., *Senecio fuchsii* GMEL. – *nemorensis* L., wobei bei bestimmten klimatischen Konstellationen auch der „Abstieg" in niedere Lagen möglich ist, wie bei *Lamium (galeobdolon) montanum* (PERS.) BRIG. in Westeuropa.

Für beide Kategorien sind solche Sippen für die Differenzierung von geographischen Rassen und Gebietsassoziationen von großer Bedeutung. Der Schwerpunkt der Betrachtung soll in seinen Beispielen auf territorialer Ebene liegen, wo mehr edaphische und meso- wie mikroklimatische Unterschiede die Vegetationseinheiten bestimmen. Polymorphe Sippen, wie *Alchemilla* L., *Taraxacum* ZINN em. WEB., *Rubus fruticosus* L., *Ranunculus auricomus* L., sollen außer Betrachtung bleiben, da die Kenntnis der Beziehungen der Sippen ihrer Binnenstruktur zu den Vegetationseinheiten noch unzureichend ist.

Beim Herangehen an die Fragen der Binnenstruktur einer Art stellt sich immer wieder das Problem, was als eine echte „erbliche“ Sippe anzusehen ist und was als eine nichterbliche Modifikation, eine Ökade nach SUKATSCHEW (1938).

Da in den verschiedenen Vegetationseinheiten die Umweltbedingungen sehr verschieden sein können, sind Modifikationen, wie sie z. B. durch verschiedene Lichtbedingungen gegeben sind, nicht selten. Die Entscheidung ist ohne experimentelle Nachprüfung nicht leicht. So ist im HEGI bei manchen Arten eine Fülle von Untersippen angegeben, ohne daß man immer entscheiden kann, ob es sich um eine Modifikation handelt.

Wenn auch für die Vegetationskunde Sippen unterhalb einer Art für die Diagnose, Differenzierung, Strukturanalyse von großem Wert sein können, kann auch die Verwendung von sicher definierten Modifikationen Hinweise für die Ökologie der betreffenden Vegetationseinheit geben, da sie auch einen Bestandteil ihrer Struktur bildet.

Die Frage der Ökaden, d. h. ökologisch bedingten Modifikationen, mündet in ihre genetische Fixierung und es gibt zu bedenken, daß in derselben Pflanzengemeinschaft nach GREGOR u. SANSOME (1927) *Phleum pratense* L., und *Dactylis glomerata* L. sowohl Ökaden wie auch Ökotypen, die als erbliche Sippen anzusehen sind, aufwiesen, so auch *Succisa praemorsa* (TURESSON, 1922) *Plantago maritima* L. (GREGOR, 1930) *Atriplex patula* L. (TURESSON, 1925). Die vegetationsabhängige Differenzierung von nah verwandten Sippen ist schon lange unter der Bezeichnung der Vikarianz bekannt. Die Beispiele *Rhododendron hirsutum* L. – *ferrugineum* L., *Achillea atrata* L. – *moschata* WULFFEN, *Primula auricula* L. – *hirsuta* ALL. sind in jedem Lehrbuch zu finden.

Andere Beispiele aus unseren Beobachtungen und aus der Literatur für solche „Parallelsippen“ mögen noch vorgestellt werden, wobei zu bemerken ist, daß manche Subspezies jetzt zur Spezies erhoben worden ist, wodurch der Begriff der Binnenstruktur dann nicht mehr gegeben ist.

Dactylorchis fuchsii DRUCE – *maculata* L. (bei OBERDORFER [1962] Subspezies) *Dactylorchis fuchsii* kommt in eutrophen Buchenmischwäldern, z. B. im Fraxino-Fagetum im nördlichen Teil der DDR ziemlich konstant vor. *Dactylorchis maculata* L. (hier in der Fassung der ssp. *ericetorum* LINTRA gemeint) kommt dagegen auf sauren Standorten in Sphagnion palustris, in den Nardo-Callunetea, in den Molinietalia, auch in den anschließenden bodensauren und grundwasserbedingten Querceten vor.

Platanthera bifolia (L.) RICH. Hier hat die Subspezies *bifolia* eine ähnliche Verbreitung wie *Dactylorchis fuchsii* DRUCE, die Subspezies *graciliflora* BISSE hat ihren Schwerpunkt auf Torfstandorten des Sphagno-Salicetum auritae. Weiterhin ist von uns eine sehr kräftige Form in bodensauren Nardeten und Juniperus-Heiden auf Mineralboden beobachtet worden (var. *genuina* A. und G.?).

Epipactis helleborine (L.) CRANTZ. Die Identifizierung der bei ROTHMALER (1963) angegebenen 4 Untersippen ist nicht ganz einfach. Ihr Vorkommen läßt sich in bestimmte Vegetationseinheiten einordnen. So hat die Subspezies *helleborine*, auch *plathyphylla* IRMISCH, ihren Schwerpunkt in eutrophen, schwach bodensauren Stieleichen-Hainbuchenwäldern der Niederungen, so im Lathraeo-Carpinetum. Die Subspezies *confusa* YOUNG geht weit in den bodensauren Bereich und kommt wiederholt in Traubeneichen-Buchenwäldern des Petraeo-Fagetum vor. Die Subspezies *leptochila* GODF. ist als atlantisch-subatlantisch mehr geographisch differenziert, kommt vorwiegend in eutrophen Buchenwäldern des Eu-Fagion vor, während die Subspezies *muelleri* GODF. vorwiegend in Trockenrasen und Trockenwäldern des Quercion pubescentis vorkommt.

Dactylis glomerata L. – *polygama* HORVÀTOVSZKY. Die vorzüglich als Wiesenknäulgras bezeichnete *D. glomerata* hat ihren eindeutigen Verbreitungsschwerpunkt in den Frischwiesen der Arrhenatheretea, während die als Waldknäulgras bezeichnete *D. polygama* (syn. *aschersoniana* GR.) in mesotrophen Buchen- und Eichen-Hainbuchenwäldern vorkommt, mit einem eindeutigen Schwerpunkt im Petraeo-Fagetum. Nach unseren Beobachtungen zeigen beide Sippen, die auch nach ihrem Chromosomensatz verschieden sind (*D. glomerata* 28, *D. polygama* 14), physiologische Verschiedenheiten. Absaaten aus nur wenige hundert Meter voneinander entfernten Populationen in einem Petraeo-Fagetum und einer Frischwiese bei Eberswalde zeigten, daß *D. polygama* schon im Herbst, *D. glomerata* unter gleichen Bedingungen im Freiluftvegetationshaus erst im Frühjahr keimt. Nach den Untersuchungen von H. MÜLLER (n. p.) war auch die Transpirationsintensität beider Sippen verschieden.

Molinia SCHR. Die Trennung von *Molinia arundinacea* SCHR. einschl. der Sippen *litoralis* (HOST.) und *altissima* (SCHR.) Aschers. von *M. coerulea* (L.) MOENCH ist nach GRABHERR (1942) nicht nur morphologisch, sondern auch im ökophysiologischen Verhalten (verschiedene Reaktion auf edaphische Faktoren) gegeben. Vegetationsmäßig kommt noch OBERDORFER (1962) *M. arundinacea* SCHR. in Kalkschlick-Molieneten, im Erico-Pinion, Seslerio-Mesobromion und Caricion ferrugineae vor.

Molinia coerulea L. (MOENCH) zeigt bei uns deutlich zwei Verbreitungsschwerpunkte, so in den bodensauren Pfeifengraswiesen (Junco-Molinietum) und den entsprechenden Waldgesellschaften (Molinio-Quercetum, Molinio-Fagetum) und auf Wiesenkalkstandorten im Parnassietum und im Eu-Molinietum. Hier ist eine sehr große Verschiedenheit im Standort und in den Vegetationseinheiten gegeben.

Poa pratensis L. Die Subspezies *pratensis* ist das eigentliche Wiesen-Rispengras, das in den Molinietalia und in den Arrhenatheretalia schwerpunktmäßig vorkommt. Die Subspezies *angustifolia* (L.) HAY kommt in den Trockenrasen der Festuco-Brometea sowie in trockenen Eichenwäldern, so im Potentillo-Quercetum, stetig vor. (Auf die Frage der parallelen Wald- und Wiesensippen sei weiter unten eingegangen.) Die vegetationskundliche Stellung der *P. atrostachys* OETTINGEN bleibt unklar.

Die Subspezies *subcoerulea* SMITH kommt in den Salzweiden des Armerion maritimae, auch im Sperguletum salinae vor.

Diese Sippe gehört zu den Parallelsippen im Bereich der Salzstandorte. Als weitere Beispiele seien genannt: *Agrostis stolonifera* ssp. *maritima* (LAM.) MEYER, *Armeria maritima* ssp. *maritima* (WILLD.) EBEL, *Festuca rubra* ssp. *litoralis* HACKEL, *Festuca arundinacea* v. *baltica*. A. u. G.

In diese Rubrik gehören auch *Viola calaminaria* LEJ., *Thlaspi alpestre* v. *calaminare* (LEJ. et COURT.) O. SCHWARZ im Violinion calaminariae, Pflanzengesellschaften der Galmeiböden, oder *Armeria halleri* (WALLR.) LÖVE et LÖVE und *A. bottendorfiensis* A. SCHULZ im *Armerietum halleri* und im *A. bottendorfiensis* der kupferhaltigen Böden. Die Beispiele derartiger Sippen, die mit bestimmten Bodenfaktoren und somit mit bestimmten Vegetationseinheiten gekoppelt sind, lassen sich noch vermehren.

Luzula campestris (L.) LAMK. et DC. – *multiflora* (RETZ) LEJ. Es sind verwandte Sippen, wobei *L. campestris* arme und trockene Standorte, so im Myrtillo-Pinetum besiedelt, *L. multiflora* auf Schlägen, lichten Wäldern und feuchten Wiesen vorkommt, so in den Nardo-Callunetea.

Convallaria majalis L. Untersippen sind bisher nicht herausgestellt worden, doch fallen die schmalblättrigen Formen im Carici- und im Frangulo-Fagetum auf, gegenüber breitblättrigen Formen im Stellario-Quercetum und im Petraeo-Fagetum.

Primula veris L. – *canescens*. (OP.) HAY. Die Subspezies *veris* kommt mit ihrem Schwerpunkt in den Arrhenathereten und im Mesobromion vor, während die Subspezies *canescens* ihren Schwerpunkt in den Quercetalia pubescentis hat (s. a. ENDTMANN, 1964).

Frangula alnus MILL. Über die Sippen des Pulverholzes finden Untersuchungen im Bereich Botanik und Arboretum des Museums für Naturkunde der Humboldt-Universität Berlin statt. Hier kann gesagt werden, daß die eine Sippe auf trockenen Standorten ihren Schwerpunkt im Ligustro-Prunetum hat, auch ins Quercion pubescentis geht, während die andere mehr als Tieflandsippe auf sauren Grundwasserstandorten angefangen von bestimmten Alneten bis zu Molinio-Quercetum und Frangulo-Fagetum vorkommt.

Valeriana officinalis L. Nach JOHST (1970) ist die ssp. *collina* (WALLR.) NYMAN (tetraploid) in Trockenrasen und Quercion pubescentis-Gesellschaften vertreten, die ssp. *officinalis* mit Schwerpunkt in feuchten Filipendulo-Petasition, hier auch die ssp. *sambucifolia* (MIKAN fil.) CEL. mit engerer Amplitude und südöstlicher Verbreitung vorkommt, während die ssp. *procurrens* (WALLR.) ihren Schwerpunkt mehr im Westen und Südwesten im Alno-Padion hat.

Nach KORTSCHAGIN (1964) gehören bei *Bromus inermis* LEYSS. Land- und Sumpfsippen verschiedenen Vegetationseinheiten an, wie auch Wasserhaushaltssippen bei *Caltha palustris* L., Überschwemmungssippen wie *Salix rossica* SUK. – *triandra* L., Wald- und Dünensippen bei *Hieracium umbellatum* L.

Die Frage der Wald-und Wiesensippen wurde schon bei *Poa pratensis* L. angesprochen, hier handelt es sich um nahverwandte Sippen, die in verschiedenen Formationen, somit auch in verschiedenen Assoziationen vorkommen. Letzten Endes führt die Frage dieser Differenzierungen zum Problem der Herkunft unserer Wiesenarten. Die Sippenbeziehungen zwischen den Wäldern des Alnion und entsprechenden Naßwiesen des Calthion sind groß, wie das Alno-Padion zum Arrhenatherion, wo Beziehungen zu verschiedenen Carpineten, jedoch noch mehr zu Querceten, wie das Potentillo- oder das Selino-Quercetum gegeben sind.

In ihrer Arbeit über das Selino-Quercetum haben MEUSEL und NIEMANN (1971) auf diese Frage besonders hingewiesen und hierbei Sippen, wie *Serratula tinctoria* f. *integrifolia*, *Silenum carvifolia* f. *silvaticum*, *Dianthus superbus* ssp. *autumnalis* OBERD. und ssp. *superbus* OBERD., *Sanguisorba officinalis* L., *Colchicum autumnale* L., *Filipendula vulgaris* MCH. genannt.

Das Vorkommen einer Sippe in verschiedenen Vegetationseinheiten zwingt auf der anderen Seite zur Feststellung, ob doch morphologische, physiologische, cytologisch biochemische Verschiedenheiten vorliegen und Untersippen zu erkennen sind.

Bei unseren vegetationskundlichen Untersuchungen fiel es auf, daß *Calamagrostis canescens* (WEB.) ROTH. mit Schwerpunkt in den Alneten in bestimmten eutrophen Kiefernforsten ohne Grundwassereinfluß vorkam. Eine morphologische Untersuchung durch Dr. ENDTMANN (n. p.) zeigte keine Unterschiede der Populationen.

Ähnliche Feststellungen konnte man bei *Glechoma hederacea* L. machen, ohne daß bisher eine entsprechende morphologische Untersuchung erfolgt ist. Die Subspezies *hirsutum* (W. et K.) F. HERMANN könnte vermutet werden.

Es ist zu bedenken, daß die erwähnten Kiefernforsten relativ junge Vegetationseinheiten sind.

Pinus silvestris L., unsere Waldkiefer, hat eine sehr weite soziologische Amplitude, sie kommt auf den nassen Verlandungshochmooren, trockenen Sanden und warmen Hängen von Natur aus vor. Abgesehen von den zahlreichen geographischen Rassen, sind die Moorformen (z. B. *turfosa* WOERLEIN) in ihrem Habitus sehr aufgefallen und man vermutete besondere Sippen. Absaaten solcher Moorkiefern, die seinerzeit HESMER (n. p.) in Eberswalde durchgeführt hat, zeigten keine Verschiedenheit gegenüber Nachkommen von Kiefern vom Mineralboden. KORTSCHAGIN (1964) bestätigt diese Tatsache aus der Sowjetunion und weist auf ähnliches Verhalten von *Picea abies* (L.) KARST. hin.

Besonders oft hat die Frage von zwei Schwerpunkten bei *Fraxinus exelsior* L. die Forstleute beschäftigt, das Vorkommen der sog. Wasseresche in den Fraxinetalia und der sog. Kalkesche im Eu-Fagion. Nach den Untersuchungen von WEISER (1964 a. u. b, 1965) sind bei den Nachkommenschaftsprüfungen bisher keine Unterschiede festgestellt worden. Morphologische Untersuchungen dieser Eschen stehen noch aus. Wieweit ein Anschluß an *F. angustifolia*

VAHL gegeben ist, die bei Jena angeblich vorkommen soll, wäre nachzuprüfen.

Auch *Quercus robur* L. zeigt bei uns große Verschiedenheit im Gesellschaftsanschluß. Der Schwerpunkt liegt hier zweifellos in den grundwasserbedingten Vegetationseinheiten, angefangen von Pado-Fraxinetum bis zum Stellario-Quercetum, Frangulo- und Molinio-Fagetum. Die Stieleiche kommt aber auch in den wärmeliebenden Cynancho- und Anemone-Quercetum dominant vor.

Bei der großen morphologischen Variationsbreite der Stieleiche und dem Fehlen vegetationsbezogener Untersuchungen muß die Frage offen bleiben. In einer Übersicht konnte WEISER (1965) feststellen, daß es bei Waldbäumen noch keine Bodenrassen (syn. Bodensippen) gibt.

Die besprochenen Beispiele zeigen, daß es Sippen gibt, die wahrscheinlich aus einer „Stammsippe" in den verschiedenen Vegetationseinheiten sich differenziert haben. Auf der anderen Seite gibt es Sippen, die in den verschiedenen Vegetationseinheiten „konstant" geblieben sind, d. h. bei denen noch keine Manifestation einer Differenzierung gefunden worden ist, was nicht heißt, daß auch sie einer Entwicklung unterworfen sind. Jedoch scheint es einen Typus zu geben, der kaum auf die verschiedenen Umweltbedingungen verschieden erblich reagiert, während es Typen gibt, die im verschiedenen Maße eine solche erbliche Differenzierung erfahren haben. Hier sind auch die sehr polymorphen Formen enthalten, über deren vegetationskundliche Bezogenheit noch sehr wenig bekannt ist.

Die zweitgenannte Typengruppe ist schon lange bekannt, insbesondere als TURESSON (1922) mit seinen Ökotypen hervortrat, in den sehr beachteten Arbeiten über „Die Art und die Varietät als ökologische Einheiten" und über „Die geographische Antwort der Pflanzenarten auf die Umwelt".

In den USA haben besonders CLAUSEN (1951), in England GREGOR (1938), in der UdSSR ROSANOWA (1926) und SINSKAJA (1931) auf diesem Gebiet gearbeitet und umfangreiche Ergebnisse erzielt (s. a. KORTSCHAGIN, 1964).

Wenn wir von der Vegetationseinheit als Bezug ausgehen, so muß vermerkt werden, daß wir auf der Basis der Theorie der Biogeozönose die entsprechenden Umweltbedingungen einbeziehen, etwa in der Dreiecksbeziehung Sippe – Vegetation – Umwelt. Weiterhin muß betont werden, daß nicht jede Differenzierung ökologisch oder vegetationsmäßig bedingt wird. SUKATSCHEW (1938) nennt dies die „nicht arealen" Formen, die Lusus und Aberrationen seiner Benennung. Seine „arealen" Formen gliedern sich in klimatische, edaphische und phytosönotische Ökotypen. Die beiden letzteren sind in den oben gebrachten Beispielen vertreten, der erstere Typ wurde, wie erwähnt, ausgeklammert.

So können die aufgezeigten Parallelsippen als Ökotypen angesehen werden, da sie auch verschiedenen soziologischen Artengruppen angehören, die auch zugleich ökologische Artengruppen sind.

Somit erscheint der Begriff des Ökotyps als ein neutraler Begriff, ohne eine taxonomische Wertigkeit in der Hierarchie (die Gleichsetzung mit Subspezies nach TURESSON (1922) oder CLAUSEN, KECK u. HIESEY (1937) ist nicht berechtigt) gleich dem Begriff einer Sippe – man könnte auch Ökosippe oder Zönosippe (von Phytozönose abgeleitet) sagen, um eine Einheitlichkeit zu erzielen.

Um auf das aufgeworfene Problem der Binnenstruktur der Art in Beziehung zu Vegetationseinheiten zurückzukommen, kann man sagen, daß die Ökosippe hierfür von grundlegender Bedeutung ist. Die Betrachtung kann aber über die Binnenstruktur der Art hinausgehen, da eine Art auch eine Ökosippe sein kann, die in bezug auf bestimmte ökologische Faktoren gut charakterisiert ist. Dies gilt analog auch für Vegetationseinheiten.

Nach SINSKAJA (1961) ist folgende aufsteigende Stufenfolge gegeben: Biotyp – Ökoelement – konkrete Population – Ökotyp – Art.

Biotyp – nach JOHANNSEN (1903) ist es die kleinste innerartliche Elementareinheit, er umfaßt alle genetisch gleichen Individuen einer Art. In ihrer reinsten Ausbildung stellen Biotypen einen Klon dar. Sie sollen keine arealen Formen im Sinne von SUKATSCHEW (1938) darstellen, können durchaus morphologisch differenziert sein, wie bei *Taraxacum officinale* WEB., *Festuca sulcata* NYM. und *ovina* L., oder auch nur durch innere Eigenschaften gekennzeichnet. Es wäre zu klären, wieweit hier die Beziehungen zu den sog. sibling-species gegeben sind.

Da die Biotypen oft durch gleitende Merkmale miteinander verbunden sind, ist es nicht möglich zu definieren. Auf dieser Ebene sind „clines" im Sinne von HUXLEY (1940) oft gegeben.

Ökoelement – ökologisch gleichsinnige Biotypen lassen sich zu Ökoelementen zusammenfasssen.

Zönopopulation – auch konkrete Population. Je nach Standort eine Auswahl von Biotypen oder Ökoelementen, die bei den betreffenden Bedingungen leben können. Jede Biozönose hat eine ihr eigene Population. Eine Änderung in der Zusammensetzung wird durch Änderung der Umwelt und durch Änderung der Konkurrenzbedingungen bewirkt. In verschiedenen Vegetationseinheiten können die Populationen einer Art in morphologischer, ökologischer, physiologischer Hinsicht verschieden sein. So unterschied sich z. B. die Population von *Potentilla erecta* (L.) RAENSCH in der Zwergstrauchheide Schottlands von der Population des Schafschwingelrasens sehr deutlich (HARBERD, 1958).

Die Population ist die Arena der Prozesse der Veränderung und der Evolution der Arten. Die Populationen können in Mikropopulationen zerfallen, die sich verschieden entwickeln.

Ökotyp – dieser setzt sich zusammen aus gleichartigen Zönopopulationen bei bestimmten ökologischen somit auch phytozönologischen Bedingungen. Es ist eine areale Einheit. Eine Art kann eine Zusammenfassung von Ökotypen sein.

Interessant ist das Auftreten von Parallel-Ökotypen bei verschiedenen

Arten, wodurch es zu Konvergenzerscheinungen kommt. TURESSON (1922) zeigte dies bei *Artemisia campestris* L., *Rumex acetosella* L., *Silene maritima* WITH. Solche konvergente Ökotypen werden von ihm als oec. *arenarius*, oec. *salinus*, oec. *alpinus* bezeichnet. Es ist eine einheitliche Reaktion bestimmter Sippen auf gleiche Umweltbedingungen.

Die Ökotypen sind auch in ihrem Umfang nicht einheitlich, sie werden sowohl durch bestimmte Umweltfaktoren wie auch durch Komplexe der Umweltbedingungen bewirkt.

Wie gesagt, kann man die Ökotypen in klimatische (z. B. Baumrassen), edaphische und zönotische gliedern.

Wieweit die Mahdform als Ökotypen anzusehen sind, wird nicht einheitlich bewertet (KORTSCHAGIN, 1964). Nach SCHMIDT (1963) bestehen Saisondimorphismen auch ohne Mahd.

Weideökotypen hat aber TURESSON (1922) als Sippen erkannt. Die Feststellung, daß es Ökotypen – Ökosippen = Zönosippen gibt, wirft immer wieder die Frage nach ihrer Entstehung auf, zumal dort, wo es Parallelformen, Vikarianten gibt, die wahrscheinlich von einer Stammform abstammen. Hier ist eher die Einwirkung durch ökologische oder zönologische Bedingungen konkret in Rechnung zu setzen.

Das Schema von SCHMALHAUSEN (1941): Auslese von Biotypen – Fixierung von Phänotypen – Umbildung des Genotyps erscheint sehr einfach. Bekanntlich muß man bei Sippen zwischen einer ökologischen Amplitude und Optimum und einer physiologischen Amplitude und Optimum unterscheiden. Das physiologische Verhalten wird beim Wachstum ohne Konkurrenz ermittelt, das ökologische beim Vorkommen in der Vegetation unter Einfluß der Konkurrenz mit anderen Sippen. Das ökologische Optimum ist gegenüber dem physiologischen oft verschoben, die ökologische Amplitude gegenüber der physiologischen in der Regel eingeengt. Diese Tatsache wird von der Land- und Forstwirtschaft und vom Gartenbau ausgenutzt, wo Sippen auf Standorten kultiviert werden, auf denen sie unter zönotischen Bedingungen gar nicht vorkommen können.

Ein Beispiel stellt *Pinus silvestris* L. dar, deren physiologische Amplitude sehr breit ist, das physiologische Optimum auf Standorten von Laubwaldgesellschaften liegt, die ökologische Amplitude sehr eng ist, das ökologische Optimum auf Extremstandorten liegt, wo das Laubholz keine Konkurrenzkraft mehr hat.

Hat eine Sippe zwei oder mehrere ökologische Optima (z. B. *Festuca rubra* v. *fallax* (TH.) HACK., *Convallaria majalis* L., auch *Pinus silvestris* L., so ist der Verdacht auf Vorhandensein von Ökotypen gegeben, was schon oben angedeutet wurde.

Der Unterschied zwischen physiologischer Amplitude und Optimum und ökologischer Amplitude und Optimum, zeigt, daß in Sippen eine breite physiologische Amplitude innewohnen kann, die es ermöglicht oder ermöglicht hat, daß unter bestimmten zönologischen Bedingungen sich Ökosippen, hier besser gesagt Zönosippen, ausdifferenziert haben. Biotypen, Ökoelemente, Populationen können, soweit sie faßbar sind, Elemente der Binnenstruktur einer Art und ökologisch und zönologisch bedingt sein. Ökotypen syn. Ökosippen oder Zönosippen sind aber die wichtigen Ökoelemente der Binnenstruktur.

Es wäre hiermit in der Binnenstruktur eine öko- oder zönologische Hierarchie gegeben mit öko- oder zönologischen Strukturmerkmalen. Sie ist aber nicht alleinig, da es auch andere „nichtareale" Sippen gibt.

Die Frage ist, welche Beziehungen die Elemente der öko-zönologischen Hierarchie zu den üblichen taxonomischen haben.

Je nach Auffassung kann eine klimatische Ökosippe eine Art, aber auch eine Unterart sein, insbesondere bei chorologischer Differenzierung, aber auch niedere Einheiten (z. B. *Pinus silvestris* L.). Bei edaphischen Ökosippen sind es sehr selten Arten, mehr Unterarten, aber auch Varietäten.

Bei zönotischen Ökosippen sind es in der Regel Sippen unter einer Subspezies. Bei der Auffassung der Biogeozönose ist die Trennung in edaphische und zönotische Sippen nicht notwendig.

Zönopopulationen stellen m. E. keine taxonomische Kategorie dar, da sie etwa mit den Einzelbeständen einer Vegetationseinheit zu vergleichen sind.

Die Gleichsetzung der Biotypen mit Klonen ist auch nicht immer gegeben. Erwähnt wurden die Schwierigkeiten bei clines. Da Biotypen auch heterozygot sein können, kann die Nachkommenschaft durch Kreuzung sehr verschieden sein.

Die Parallelisierung der öko-zönologischen Einheiten der Binnenstruktur mit den üblichen taxonomischen ist kaum möglich, da selbst der Ökotyp im Sinne von TURESSON (1922) eine neutrale Einheit darstellt. Andererseits ist die Beurteilung von Sippen, die auf Grund von morphologischen, cytologischen, physiologischen oder chemischen Merkmalen ausgeschieden worden sind, ob es sich um Ökosippen handelt, möglich, indem man ihr ökologisches, zönologisches, d. h. vegetationskundliches Verhalten untersucht oder ökologische Teste durchführt. Auf die anfangs gestellte Frage zurückkommend, kann man sagen, daß in bestimmten Fällen die Binnenstruktur einer Sippe durch Öko- oder Zönosippen gebildet wird, die bestimmten soziologischen Artengruppen angehören und somit zu den kleinsten Bausteinen von Vegetationseinheiten verschiedener Größenordnung gehören, je nachdem ihre zönologische Amplitude beschaffen ist.

Die aus vegetationskundlicher Sicht gemachten Beobachtungen und Überlegungen können zur Lösung der Probleme der Binnenstruktur der Arten beitragen, deren Kenntnis für die Ökosystemforschung und auch für die Produktionsbiologie von großer Bedeutung ist.

Literaturverzeichnis

CLAUSEN, J., Stages of evolution of plant species. New York, 1951.

—, The concept of species based an experiment.

KECK, D. D., & HIESEY, W. M., Amer. J. Bot., *26* (1939).

ENDTMANN, J., Zur Unterscheidung der in NO-Deutschland vorkommenden Primeln. Naturschutzarbeit in Mecklenburg, 7, 106—114 (1964).

GRABHERR, W., Über die Nährstoffökologie und das Formenbildungsvermögen der Gräsergattung *Molinia* (SCHRANK) in Abhängigkeit von Nährstoffgehalt und Reaktion des Bodens. Mitt. Forstwirtsch. Forstwiss., *13*, 172—196 (1942).

GREGOR, J. W., The species concept as an ecologic-geographical system. Herb. Rev., *4* (1938).

GREGOR, J. W., & SONSOME, F., Experiments on the genetics of wild populations, I. Grasses. J. Genetics., *17* (1927).

HARBERD, D. J., Progress and prospects in genecology. Rep. Scott. Plant. Breed. Stat. Edinburgh (1958).

HUXLEY, I., Clines: an auxiliary taxonomix principle. Nature, *142* (1938).

JOHANNSEN, W., Über Erblichkeit in Populationen und reinen Linien. Jena, 1903.

JOHST, D., Beiträge zur Kenntnis der Sippenstruktur von *Valeriana officinalis* L. s. l. in der DDR. Dipl.-Arb. Berlin, 1970.

KORTSCHAGIN, A. A., Der innerartliche (Populations-)-Bestand der Pflanzengemeinschaften und die Methoden seiner Untersuchung. In: LAWRENKO, E. M., & KORTSCHAGIN, A. A., Feldgeobotanik III. (Russ.) Moskau-Leningrad, 1964.

MEUSEL, H., Vergleichende Arealkunde. Berlin, 1943.

MEUSEL, H., & NIEMANN, E., Der Silgen-Stieleichenwald (Selino-Quercetum roboris) — Struktur und pflanzengeographische Stellung. Arch. Naturschutz u. Landschaftsforschung, *11*, 203—233 (1971).

OBERDORFER, E., Pflanzensoziologische Exkursionsflora für Süddeutschland. Stuttgart, 1962.

ROSANOWA, M. A., Über die Parallelität von Modifikationen und erblichen Varianten. (Russ.) Šurn.-Russ. bot. občs., *11* (1926).

ROTHMALER, W., Exkursionsflora, Kritischer Ergänzungsband Gefäßpflanzen. Berlin, 1963.

SCHMALHAUSEN, I. I., Die stabilisierende Auslese und ihr Platz unter den Faktoren der Evolution. (Russ.) Šurn. občs. biol., *2* (1941).

SCHMIDT, W. M., Daten über die natürliche Auslese in den Populationen von Augentrost (*Odontites serotina*). (Russ.) Dum. Bot. Šurn, *48* (1963).

SINSKAJA, E. N., Zur Kenntnis der Arten in ihrer Dynamik und Wechselwirkung mit der Pflanzendecke. (Russ.) Tr. po prikl. bot., genet. i selekz., *25* (1931).

—, Der neuzeitliche Stand der Frage über die Populationen der höheren Pflanzen. In: SINSKAJA, E. N., Probleme der Populationen bei höheren Pflanzen. (Russ.) Leningrad, 1961.

SUKATSCHEW, W. N., Dendrologie mit den Grundlagen der Wald-Geobotanik. (Russ.) Leningrad, 1938.

TURESSON, G., The species and the variety as ecological units. Hereditas, *3*, 100—113 (1922).

—, The genotypical response of the plant species to the habitat. Hereditas, *3*, 211—225, 226—350 (1922).

—, The scope and import of genecology. Hereditas, *4*, 171–176 (1923).
—, The plant species in relation to habitat and climate. Hereditas, *6*, 147–236 (1925).
—, Die Bedeutung der Rassenökologie für die Systematik und Geographie der Pflanzen. Feddes Repert. Beih. *41* (1926).
—, Zur Natur und Begrenzung der Arteinheiten. Hereditas, *12*, 323–334 (1929).
WEISER, F., Beitrag zum Problem der sog. Bodenrassen bei unseren Waldbaumarten unter besonderer Berücksichtigung der Esche (*Fraxinus excelsior* L.) Forstwiss. Centralbl., *83*, 23–33 (1964).
—, Anlage und erste Ergebnisse vergleichender Anbauversuche mit generativen Nachkommenschaften von Eschen (*Fraxinus excelsior* L.) trockener Kalkstandorte und grundwasserbeeinflußter Standorte. Forstwiss. Centralbl., *83*, 193–211 (1964).
—, Untersuchungen generativer Nachkommenschaften von Eschen (*Fraxinus excelsior* L.) trockener Kalkstandorte und grundwasserbeeinflußter Standorte im Gefäßversuch bei differentierten Wasser- und Kalkgaben. Forstwiss. Centralbl., *84*, 44–64 (1965).
—, Bodenrassen der Waldbäume. Allg. Forstzeitschr., *20*, 14–16 (1965).

Anschrift des Verfassers: Prof. Dr. habil. ALEXIS SCAMONI 13 Eberswalde-Finow 1, Schwappachweg 2. DDR.

Diskussion

DANERT †, Gatersleben

Ich halte es nicht für sehr glücklich, den Begriff Coenosippe einzuführen, da es schon eine Coenospezies gibt, eine Kategorie, die allgemein im Sinne von Aggregatspezies verwendet wird. Aber sicherlich ist es zweckmäßig, den coenologischen Bezug auch in der Kategorie zum Ausdruck zu bringen.

Ich möchte noch eine ganz andere Frage aufwerfen, für die ich mich aber nicht ganz kompetent fühle. Bekanntlich können Ökotypen genetisch bedingt sein, wie eine ganze Reihe von Versuchen ergeben haben. Im Vortrag wurden infraspezifische Verwandtschaftskreise mit unterschiedlichen ökologischen Bedürfnissen charakterisiert. Wäre es möglich, daß solche Ökotypen nicht von einer Stelle ausgehen, sondern von ganz verschiedenen Stellen ihren Ursprung nehmen, es sozusagen Parallelentwicklungen sind? Man kann von *Salvia pratensis* an Straßen- und Eisenbahndämmen eine ungewöhnlich große Zahl von einander völlig isolierter rosa bzw. weißblühender Einzelpflanzen beobachten, zwischen denen ein unmittelbarer Kontakt ganz offensichtlich nicht besteht. Hier scheint es also offenbar so etwas wie eine parallele Mutation zu geben. Und wenn wir dieses Verteilungsmuster mit *Dactylis polygama* und *Dactylis glomerata* vergleichen, dann ergibt sich auch hier die überraschende Feststellung, daß *Dactylis polygama* im Hügelland inselartig im Areal von *Dactylis glomerata* eingebettet ist. Wahrscheinlich könnte man noch weitere Beispiele nennen. Wäre es möglich, daß hier solch eine homologe Parallelevolution stattgefunden hat, oder müssen wir zwingend zu dem Schluß kommen, daß solche Sippen nur einmalig entstanden sind?

SCAMONI, Eberswalde
Die Einführung des Begriffs Ökosippe und Zönosippe war eine Reaktion auf TURESSON, die seinen Ökotyp mit einer Spezies oder einer Subspezies gleichsetzte. Parallel zur Sippe soll Ökosippe ein ganz neutraler Begriff für die verschiedenen Ebenen der Phytotaxonomie sein. Er wird im wesentlichen für die Art und ihre Infrastruktur gelten.

Auf der Basis des Begriffs der Biogeozönose ist die Gleichsetzung einer Ökosippe mit einer Zönosippe möglich. Weiterhin sollten die Begriffe Ökosippe und Zönosippe zur Diskussion gestellt werden.

Über die Parallelentstehung von Ökosippen auf verschiedenen Standorten ist ohne Vorliegen von Untersuchungen schwer etwas zu sagen.

NÜRNBERG, Berlin
Ich kann natürlich jetzt keine konkrete Antwort für eine ganz bestimmte Öko-Sippe geben. Generell muß man annehmen bei dem Auftreten einer einfachen Mutation wie etwa von Blau- zu Weißblütigkeit, daß diese Mutation häufiger auftreten kann, aber daß die eine nicht identisch mit einer zweiten Mutation zu weiß sein muß. Denn jede Defektmutation im Hinblick auf die Farbstoffbildung wird weiß ergeben. Da kann also wirklich nur das Experiment prüfen, ob die Typen identisch sind. Die Entstehung gleichartiger Ökotypen kann mit größerer Wahrscheinlichkeit von verschiedenen Standorten aus erfolgen, wenn sich diese Ökotypen dann genetisch unterscheiden, d. h., es läßt sich dann auch nur im Experiment prüfen, ob von einem Standort ausgehend diese Ökotypen verschiedener Areale zustandegekommen sind oder ob sie von verschiedenen Standorten ausgehend sich entwickelt haben. Die natürliche Entwicklung in der Entstehung komplexer Genotypen aus einem vorherigen Zustand erfolgt ja nicht durch Selektion am Gen, sondern an der Funktion des Phaenotyps, also auch nicht an der Morphologie des Phaenotyps, sondern an dessen Funktion. Und diese kommt auf sehr unterschiedliche Weise bei verschiedenartiger genetischer Grundlage zustande, so daß die Wahrscheinlichkeit, daß, ausgehend von verschiedenen Standorten genetisch gleiche Ökotypen entstehen, praktisch gleich Null ist. Aber die Prüfung kann nur im Kreuzungsexperiment vorgenommen werden.

RÄNDEL, Berlin
Zum Diskussionsbeitrag von Frau Professor NÜRNBERG möchte ich ein ergänzendes Beispiel aus der sowjetischen Literatur anführen.

Innerhalb der Gattung *Pinus* hat man im Ural Ökotypen untersucht, die in verschiedenen Höhenlagen vorkommen. Diese Ökotypen waren morphologisch gut zu unterscheiden und von manchen Autoren bereits als Arten beschrieben worden. Man hat in einem Experiment Individuen von allen Ökotypen der verschiedenen Höhenlagen in Kultur genommen. Bei der Kultur unter einheitlichen Umweltbedingungen zeigte sich, daß die kultivierten

Individuen morphologisch unter sich völlig einheitlich waren. Darüber hinaus stimmte keines der Kulturexemplare morphologisch mit Vertretern der natürlichen Populationen überein. Hier handelt es sich offensichtlich um Ökotypen, die genetisch nicht fixiert sind.

SCAMONI, Eberswalde
Über die Infrastruktur von *Pinus silvestris* liegt von forstwissenschaftlicher Seite seit Beginn unseres Jahrhunderts ein reiches experimentelles Material vor.

Danach sind die Merkmale der „Rassen" (klimatische Ökosippen) auch in anderen Klimagebieten beständig und erblich konstant, wie es die F1-Generation in Eberswalde zeigt.

Es sei auch auf die Höhenkiefern hingewiesen, die schon im ostthüringischen Buntsandsteingebiet (Holzland) beginnen, im Vogtland und im Thüringer Wald auftreten und sich von unserer Tieflandskiefer deutlich unterscheiden.

Daß im Ural keine Differenzierung in den Höhenstufen zu unterscheiden war, liegt möglicherweise an den geringen Entfernungen oder an der betreffenden Ökosippe, die keine morphologischen Differenzierungen ausgebildet hat. Auch muß man die Weiterentwicklung der Versuche abwarten.

Aus der Sektion marx.-leninist. Philosophie der Humboldt-Universität zu Berlin

Einige Bemerkungen zur Theorie der Art – unter besonderer Berücksichtigung der Dialektik von Einzelnem und Allgemeinem

ULRICH SUCKER

Das Artproblem in der Biologie hat – wie jedes andere wissenschaftliche Problem auch – außer seinen fachspezifischen Aspekten, die sich aus dem Gegenstandsbereich der Wissenschaft selbst ergeben, seine philosophischen, d. h. erkenntnistheoretischen, methodologischen und weltanschaulichen Aspekte. Solche philosophischen Aspekte ergeben sich u. a. bei der Frage nach der Natur der Gewinnung von Begriffen, dem Verhältnis dieser Begriffe zur objektiven Realität, zu dem was sie widerspiegeln, nach der Wechselbeziehung zwischen der sich entwickelnden objektiven Realität und dem Begriff und nicht zuletzt die Frage, ob die Begriffe „an sich" ein für allemal gegeben sind oder sich selbst entwickeln, d. h. die weltanschauliche Seite tritt hier in Erscheinung.

Die Bedeutung des Artbegriffs in der Biologie ergibt sich nicht nur aus dem seit Jahrhunderten andauernden Diskussionen und Kontroversen, die bis in die Gegenwart reichen und damit einen Maßstab für die Problembedeutung dieses Begriffes sind sowie der fundamentalen Bedeutung, die der Art in der praktischen Arbeit des Biologen zukommt, sondern auch aus dem Verhältnis der Art bzw. der Arttheorie zur Evolutionstheorie. LÖTHER bemerkt dazu: „... das Artproblem (ist) mit der modernen Evolutionstheorie verbunden, in der es zentrale Bedeutung besitzt. Die Theorie der Art ist eine ihrer – unabgeschlossenen – Teiltheorien" (1972, S. 221). Gerade diese theoretische Seite innerhalb des Artproblems ist es, die es erlaubt und notwendig macht, philosophische Aspekte aufzuzeigen, da Theorie stets auf das Allgemeine eines Sachverhaltes orientiert und damit die Möglichkeit hat, über die Praxis hinauszugehen. Die Philosophie wiederum hat ihrerseits das Allgemeine, das sich als Konkret-Allgemeines in der objektiven Realität verwirklicht, im wesentlichen zum Gegenstand. Dieses Konkret-Allgemeine widerspiegelt die marxistisch-leninistische Philosophie mittels der dialektisch-materialistischen Methode und der ihr zugehörenden dialektischen Kategorien wie z. B. Erscheinung und Wesen, Ursache und Wirkung, Einzelnes und Allgemeines und andere. „Die Philosophie ... fixiert mittels Kategorien allgemeinste Eigenschaften, Zusammenhänge und Beziehungen von Dingen sowie Gesetzmäßigkeiten der Entwicklung, die in der Natur, in der Gesellschaft und im menschlichen Denken wirken" (Grundlagen der marxistisch-leninistischen Philosophie, 1971, S. 148). Die Kategorien der materialistischen Dialektik stellen ein notwendiges methodologisches und erkenntnistheoretisches Instrument zur Erfassung von konkreten Prozessen der gesamten objektiven Realität dar. Sie erlauben es, die uns umgebenden Objekte als einzelne Erscheinungsformen des Allgemeinen zu erkennen und sie praktisch zu verändern. Für den Artbegriff hat die Kategorie des Einzelnen und Allgemeinen besondere Bedeutung.

Die uns umgebenden Dinge und Erscheinungen der objektiven Realität, wie z. B. pflanzliche Objekte, treten uns als Einzelnes entgegen. Bei der Erkenntnis der uns umgebenden Dinge sehen wir uns einer Mannigfaltigkeit objektiv-realer Sachverhalte gegenübergestellt. Bei einer ersten Betrachtung mag diese Mannigfaltigkeit ordnungslos erscheinen. Eine Mannigfaltigkeit der materiellen Wirklichkeit ohne Ordnung wäre ein Chaos und eine Materie ohne Mannigfaltigkeit wäre eine leere Abstraktion. SMIRNOW erklärt dazu: „Beim Erkennen der uns umgebenden Natur müssen wir uns vor allem mit der Tatsache der M a n n i g f a l t i g k e i t der Naturerscheinungen vertraut machen. Zunächst mag diese Mannigfaltigkeit unerschöpflich und ordnungslos erscheinen... es zeigt sich aber, daß die von uns betrachtete Mannigfaltigkeit von Objekten kein Chaos ist, sondern daß in ihr eine strenge Ordnung herrscht“ (1969, S. 353).

Aufgrund der den Objekten der Realität innewohnenden Historizität und universalen Wechselwirkung ist es möglich, die gesetzmäßigen Strukturen in und zwischen den Objekten zu erkennen. Die Objekte existieren nicht unabhängig voneinander, sondern miteinander. Indem die Objekte miteinander existieren, verwirklichen sie auch etwas allen ihnen Gemeinsames, Allgemeines. Die Beziehungen zwischen dem Einzelnen und dem Allgemeinen ergeben sich aus der universalen Wechselwirkung zwischen den Objekten; hierbei wird eine materialistische Determinismuskonzeption vorausgesetzt und angesprochen. Die universale Wechselwirkung der Dinge realisiert im historischen Prozeß Allgemeines; nur indem die Dinge aufeinandereinwirken sind sie wirklich und verwirklichen das ihnen Gemeinsame. MARX führt dazu in seinen „Ökonomisch-philosophischen Manuskripten“ von 1844 an: „Ein Wesen, welches seine Natur nicht außer sich hat, ist kein n a t ü r l i c h e s Wesen... Ein Wesen, welches keinen Gegenstand außer sich hat, ist kein gegenständliches Wesen. Ein Wesen, welches nicht selbst Gegenstand für ein drittes Wesen ist, hat kein Wesen zu seinem G e g e n s t a n d, d. h. verhält sich nicht gegenständlich, sein Sein ist kein gegenständliches. Ein ungegenständliches Wesen ist ein U n w e s e n“ (1968, S. 578).

Das Gemeinsame, Allgemeine haftet den Objekten also nicht „an sich“ an, sondern durch das Verhalten der Objekte in einem System wird das Allgemeine im Prozeß ständiger Setzung und Aufhebung verwirklicht. Ohne wechselseitige Einwirkung der Dinge aufeinander gäbe es kein Allgemeines. Die Systeme, wie z. B. Arten, sind im wesentlichen durch Allgemeines charakterisiert, das sich auf Grund seiner relativen Stabilität abbilden läßt. Die Systeme sind Allgemeines (vgl. HENNIG, S. 4).

WOLKOWA & FILJUKOW bemerken in ihrer Arbeit „Philosophische Fragen der Theorie der Art": „Das objektiv Allgemeine wird durch die relative Stabilität, Beständigkeit in der Zeit charakterisiert. In der organischen Welt wird die Beständigkeit des biologisch Allgemeinen – der Art durch das komplizierte System der Wechselverbindungen und wechselseitigen Abhängigkeiten bestimmt. Nicht nur das Einzelne – das Individuum kann ohne die Art existieren, ohne Beziehungen mit ähnlichen Individuen, sondern auch das Leben der Art selbst – des Allgemeinen wird durch die Wechselbeziehungen mit anderen Arten definiert." (1966, S. 171.) (Übersetzt vom Verfasser). Das Verhältnis des Einzelnen und Allgemeinen zueinander schließt erkenntnistheoretische Probleme ein, die sich im Prinzip durch die gesamte Geschichte der Philosophie und Biologie hindurch verfolgen lassen; dieses Verhältnis ist im wesentlichen die Beziehung der Begriffe, des Allgemeinen zur Realität. Zu diesem Problem gehört u. a. die Frage, ob und in welcher Weise die taxonomischen Begriffe wie Art, Gattung, Familie, Ordnung usw. Realität besitzen. So bezeichnete HAECKEL in seiner Arbeit „Generelle Morphologie" die taxonomischen Begriffe von Art bis Klasse als künstliche, da ihnen angeblich keine materiellen Strukturen entsprechen. Für HAECKEL sind nur die Stämme reale Kategorien (vgl. USCHMANN 1967). Als eine der bedeutendsten philosophiehistorischen Äußerung dieses Problems ist der mittelalterliche Universalienstreit anzusehen. Die Auffassungen reichten von der Annahme der Realisten, daß das Allgemeine „ante rem" vor den Dingen existiere bzw. der Nominalisten, daß das Allgemeine „post rem" nach den Dingen existiere und nur die einzelnen Dinge objektiv real existieren. Der nominalistische Standpunkt reduziert die Wirklichkeit auf die abstrakte Individualität bzw. er unterstellt, daß das durch Abstraktion aus der Realität gewonnene Allgemeine überhaupt nicht real existiert. Die Realisten demgegenüber behaupten die selbständige reale Existenz des Abstrakt-Allgemeinen als die „wahre" Wirklichkeit. Nominalistische Konzeptionen zum Artproblem sind bis heute in den Arbeiten einiger teils bedeutender Biologen verfolgbar; so z. B. bei SPRING (1838), LOTSY (1925), WETTSTEIN (1935), BURMA (1949)) u. v. a., sowie in allerneuester Zeit durch SCHUBERT/WAGNER, die schreiben, „daß man in der Natur doch nur Individuen, also einzelne Pflanzen antrifft und nicht taxonomische Einheiten wie Arten, Gattungen, Familien usw." (S. 25), und WERNER, F. Cl., der sagt: „Real existent ist nur das Individuum, ..." (S. 62). Der dialektische Materialismus betrachtet das Allgemeine als in den Dingen befindlich auf Grund ihrer wechselseitigen Einwirkung aufeinander. „Erst indem sie (die Dinge, U. S.) sich gegeneinander bewegen, bestimmen sie sich als etwas miteinander gemein habend, verwirklichen sie also das Allgemeine. Dies ist daher ebenso außerhalb der Dinge, insofern diese selbst einander äußerlich sind ...; und es ist zugleich in den Dingen, insofern diese gegeneinander wirken und darin einander selbst innerlich sind ..." (RUBEN 1966, S. 175).

Daß sich in diesem Prozeß des Aufeinandereinwirkens in einem System darstellende Allgemeine ist durch alle einzelnen Gegenstände dieses Systems repräsentierbar. In der lebenden Natur ist das Einzelne und das Allgemeine auf dem Artniveau die Einheit des Artlichen und Individuellen. Die wesentlichste Form der Realisierung des Allgemeinen innerhalb des Artniveaus ist die der Population. Jeder Prozeß, jede Entwicklung eines Systems ist durch extensive (räumliche) und intensive (zeitlich-sukzessive) Strukturen gekennzeichnet (SWIDERSKI 1962, S. 20). Diese Strukturen, als Merkmalskorrelationen oder Merkmalsgruppen am Einzelnen nachweisbar, sind Allgemeines. Das Allgemeine ist in den historisch entstandenen und sich wandelnden genetischen Grundlagen der Individuen fixiert; der Genotypus ist Träger des historisch entstandenen Allgemeinen. Die konkrete Realisierung des in den genetischen Grundlagen der Individuen einer Art fixierten Allgemeinen ist abhängig von den jeweiligen Entwicklungsbedingungen. Insofern ist das Allgemeine das Besondere. Das Allgemeine erscheint dadurch in verschiedenen „Zustandsformen", wie das z. B. bei der Ausbildung der morphologischen Merkmale der Individuen einer Art der Fall ist, die einer bestimmten Variationsbreite unterliegen. Daher ist es nicht möglich nur auf morphologischen Merkmalen eine annähernd erschöpfende Artdefinition zu erhalten. Es muß sicher eine Gesamtheit von Merkmalen – eben Merkmalsgruppen –, wie morphologische, genetische, ökologische, physiologische, chorologische u. a. zur Darstellung des Allgemeinen herangezogen werden. Besondere Bedeutung hat bei phylogenetisch-taxonomischen Problemen die Darstellung des Allgemeinen, das hier durch den Erkenntnisprozeß des Homologisierens ermittelt wird. Denn: „Homologie ist strukturelle Identifikation von Systemen oder Systemfragmenten, die auf historische Gründe bezogen werden kann" (VOIGT 1970, S. 92) bzw. Homologie „erweist sich als inhärente Vergangenheit" (LÖTHER 1972, S. 218). Das Allgemeine ist auch die Grundlage der Typengewinnung, deren Elemente die Homologien sind, d. h. der begrifflich-theoretischen Abbildung und Rekonstruktion sippenphylogenetischer Zusammenhänge rezenter und fossiler Organismen. Die Bedeutung, die dem Allgemeinen als Grundlage für die Typengewinnung und der damit erreichten begrifflichen Widerspiegelung konkret-realer Arten und deren phylogenetischen Zusammenhängen zukommt, hebt VOIGT hervor: „Der Typusbegriff in der Biologie bezeichnet allgemeine theoretische Modelle als Instrument des wissenschaftlichen Denkens, mit deren Hilfe durch Abstraktion mittels Idealisierung charakteristische (typische) Merkmalskorrelationen herausgehoben werden, die in den genpools der Populationen und Arten genotypisch und idiotypisch codiert und in der Individualentwicklung der Merkmalsträger ... phänotypisch realisiert wurden" (VOIGT 1970).

Der dialektische Materialismus formuliert materialistisch die objektive Existenz des Allgemeinen im und am Einzelnen. Im Anschluß an MARX und ENGELS entwickelte LENIN in seinen „Philosophischen Heften" ausführlich die Dialektik von Einzelnem und Allgemeinem. Er schreibt: „Das Einzelne existiert nicht anders als in dem Zusammenhang, der zum Allgemeinen führt. Das Allgemeine existiert nur im Einzelnen, durch das Einzelne. Jedes Allgemeine ist (auf die eine oder andere Art) Allgemeines. Jedes Allgemeine ist (ein Teilchen oder eine Seite oder das Wesen) des Einzelnen. Jedes Allgemeine umfaßt nur annähernd alle einzelnen Gegenstände. Jedes Einzelne geht unvollständig in das Allgemeine ein usw. usw. Jedes Einzelne hängt durch Tausende von Übergängen mit einer anderen Art Einzelner (Dinge, Erscheinungen, Prozesse) zusammen usw." (1968, S. 340). Als ein markantes Beispiel für die Dialektik des Einzelnen und Allgemeinen sei der nomenklatorische Typus des Taxonomen angeführt. Der nomenklatorische Typus, z. B. das Herbariumsexemplar einer Art in der botanischen Sammlung, stellt als Einzelstück die Repräsentation des Allgemeinen dar. Der nomenklatorische Typus (Einzelnes) ist Repräsentant des Allgemeinen; das Allgemeine wird hier am Einzelnen nachgewiesen.

Die Kategorie des Einzelnen und Allgemeinen ist weiterhin die allgemeine philosophische Grundlage für jeden wissenschaftlichen Begriff. Das Allgemeine, relativ Invariante eines Systems wird durch den jeweiligen Begriff dargestellt und durch ein Zeichen (Terminus) repräsentiert. Der Mathematiker FREGE bemerkt dazu: „Indem wir nämlich verschiedenen, aber ähnlichen Dingen dasselbe Zeichen geben, bezeichnen wir eigentlich nicht mehr das einzelne Ding, sondern das ihnen Gemeinsame, den Begriff. Und diesen gewinnen wir erst dadurch, daß wir ihn bezeichnen; denn da er an sich unanschaulich ist, bedarf es eines anschaulichen Vertreters, um uns erscheinen zu können" (1962, S. 90). Dieses Allgemeine wird durch Abstraktion, also in der Trennung vom Einzelnen gewonnen und im Begriff festgehalten. Der Begriff fixiert dabei stets nur einige Momente der Wirklichkeit. Hierbei wird aber stets auch der Erkenntniswert von philosophischen Verallgemeinerungen biologischen Faktenmaterials sichtbar. Das Allgemeine ist gerade deswegen eine wesentliche Bereicherung der Erkenntnis, weil es durch die begriffliche Darstellung und Präzisierung des Wesens eines Objektes gemeinsame Merkmale der Dinge herausstellt, sichtbar macht, die von den Zufälligkeiten, den Details, den Nebensächlichkeiten verdeckt werden. Das durch Abstraktion ermittelte Allgemeine ist aber erst dann eine neue Erkenntnis, wenn es durch die wissenschaftliche Praxis bestätigt wurde, sich bewährt hat. Verallgemeinerung schöpft somit stets aus der experimentellen Basis.

Nur dadurch, daß die Dinge in einem System, z. B. die Individuen in einer Population, aufeinander einwirken und das Allgemeine realisieren, ist es möglich, das Allgemeine als Begriff, als Abstraktum in der Trennung von der realen Bewegung darzustellen. Insofern besteht u. E. auch kein absoluter Widerspruch zwischen der sogenannten taxonomischen und systemologischen Artauffassung etwa im Sinne der MAYERschen biologischen Artkonzeption; U. Erachtens widerspiegelt die taxonomische Artauffassung, die die Art angeblich nur als abstrakten Begriff ansieht, diese nicht nur als solchen, sondern gestützt auf die Betrachtung der Art als reales wechselwirkendes System gewinnt das taxonomische Verfahren das zur Begriffsbildung der

Art notwendige Allgemeine mittels Abstraktion aus diesem System. In diesem Sinne ist der Begriff abstrakt. Wird über ein System eine begriffliche Aussage gemacht, so wird es als Abstraktum behandelt. LENIN führt zum Verhältnis des Abstrakten und Konkreten aus: „Die Natur ist sowohl konkret als auch abstrakt... Die menschlichen Begriffe sind subjektiv in ihrer Abstraktheit, Losgelöstheit, aber objektiv im Ganzen, im Prozeß, im Ergebnis, in der Tendenz, im Ursprung" (1968, S. 198). Daher sollten der taxonomische und der systemologische Aspekt, die nur zwei unterschiedliche methodologische Auffassungen der Art darstellen, nicht getrennt werden, sondern sich ergänzen. „Für die Entwicklung der Theorie der Art", unterstreichen CIZEK & HODANOVA, „sind allerdings beide Verfahren von Bedeutung" (1971, S. 143). Wenn man vom Artbegriff dem Allgemeinen spricht, so ist damit das allen Arten Gemeinsame gemeint und nicht ein für alle Ewigkeit formulierter Begriff. Da sich die Arten als reale Systeme ständig verändern, verändert sich auch das Allgemeine. Die ständige Prüfung, ob der Artbegriff die organismische Realität annähernd adäquat widerspiegelt, ist nicht theoretisch, sondern nur praktisch zu entscheiden. Auf Grund der Ungleichwertigkeit der Arten, d. h. der unterschiedlichen Ausprägung des Allgemeinen durch das Einzelne bzw. dadurch, daß die Arten gespalten, in sich differenziert sind, keine unmittelbare Beziehung aufweisend, kann ein Artbegriff verschiedene Artsysteme gut widerspiegeln, während er bei anderen aus objektiven Gründen nur eine ungenügende Annäherung realisiert. Die Ungleichwertigkeit der Arten ist eine spezifische Erscheinungsform des Einzelnen und Allgemeinen. Das Verhältnis des Artbegriffs und der Ungleichwertigkeit der Arten ist unter anderem von besonderer Bedeutung bei der taxonomischen Praxis der Pilzsystematiker, was auf dem „Internationalen Symposium" in Wernigerode 1967, das zum Thema „Das Art- und Rassenproblem bei Pilzen" stattfand, de facto bestätigt wurde (S. 9, 287, 308).

Ein allgemeiner Artbegriff, der einen hohen Allgemeinheitsgrad hat, ist insoweit nicht für den praktisch arbeitenden Taxonomen geschaffen, der konkrete Arten systematisieren bzw. abgrenzen muß. Dieser Begriff fixiert vielmehr das Gemeinsame aller verschiedenen Arten, weist auf die Einigkeit in der Vielfalt hin, betont das integrative Moment neben aller notwendigen Spezialisierung und leistet somit in diesem Rahmen einen Beitrag zur Einheit der Biologie insgesamt bzw. wird mit diesem allgemeinen Artbegriff auf die materielle Einheit der biologischen Erscheinungen hingewiesen.

Dieser allgemein-philosophische Artbegriff, wie er u. E. im wesentlichen durch SAWADSKI (1968, S. 167) vertreten wird, stellt in gewisser Weise einen Maßstab, eine Richtfunktion dar, und drückt damit den gegenwärtigen Wissensstand zum Artproblem aus. Momente dieses allgemeinen Artbegriffs gehen ein in den des praktisch arbeitenden Systematikers, der den Artbegriff meist über bestimmte Artkriterien definiert. Bei der Frage, nach der Brauchbarkeit eines solchen allgemeinen Artbegriffs und dessen Definition, muß man anführen, daß die Geschichte des Artbegriffs und seiner vielfältigen Definitionen zeigt, daß eine erfolgreiche Bestimmung der Art nicht unmittelbar an die Artdefinition, sondern im wesentlichen an die Artkriterien wie z. B. morphologische, genetische, ökologische usw. geknüpft ist. Eine allgemeine Fassung des Artbegriffs schließt spezifische Kriterien und spezielle Methodiken nicht aus, sondern nimmt sie in sich auf. Beide Momente, sowohl der allgemeine Artbegriff und dessen Definition sowie die Kriterien der Artbestimmung, gehen u. E. unbedingt in die gesamte Arttheorie ein (vgl. HENNIG 1950, S. 288). Der Artbegriff bestimmt somit ein „ideelles Modell“ von Millionen einzelner Arten, das entworfen, konstruiert und angenähert wird und somit die Einheit in der Vielfalt dokumentiert.

Es sind hier einige Seiten der Dialektik des Einzelnen und Allgemeinen diskutiert worden, die die Bedeutung dieser philosophischen Kategorie für das Artproblem darzulegen versuchten.

Literaturverzeichnis

BURMA, B. H., The species concept: a semantic review. Evolution, *3*, 369–370 (1949).

CIZEK, F. & HODANOVA, D., Evolution als Selbstregulation. Jena, 1971.

FREGE, G., Funktion, Begriff, Bedeutung. Fünf logische Studien. Göttingen, 1962.

HENNIG, W., Grundzüge einer Theorie der Phylogenetischen Systematik. Berlin, 1950.

Internationales Symposium, Das Art- und Rassenproblem bei Pilzen in taxonomischer, morphologischer, cytologischer, physiologischer, biochemischer und genetischer Sicht. Veranstaltet v. der Biologischen Gesellschaft in der DDR. Herausgegeben von der Biologischen Gesellschaft i. d. DDR. Berlin, 1968.

LENIN, W. I., Werke Bd. 38. Berlin, 1968.

LÖTHER, R., Die Beherrschung der Mannigfaltigkeit. Jena, 1972.

LOTSY, J. P., Evolution im Lichte der Bastardierung betrachtet. Genetica, 7, 365 bis 458 (1925).

MARX, K., Werke, Ergänzungsband I. Teil, Berlin, 1968.

RUBEN, P., Zum Verhältnis von Philosophie und Mathematik, Dialektik und Logik – dargestellt am Widerspruch. In: DZfPh. (Sonderheft) 1966.

SAWADSKI, K. M., Wid i widoobrasownije. Leningrad, 1968.

SCHUBERT, R. & WAGNER, G., Pflanzennamen und botanische Fachwörter. Radebeul, 1967.

SMIRNOW, J. S., Die Systematik des Lebenden. In: Struktur und Formen der Materie. Übersetzung aus dem Russ. (Moskau, 1967) Berlin, 1969.

SPRING, A. Frh. v., Über die naturhistorischen Begriffe Gattung, Art und Abart. Leipzig, 1838.

SWIDERSKI, W. I., O dialektike elementow istruktury. Moskau, 1962.

USCHMANN, G., 100 Jahre „Generelle Morphologie“. Biol. Rundschau, *5*, (6) (1967).

VOIGT, W., Einige philosophische Aspekte des Homologiesierens und der Typusproblematik in der Biologie. Diss. Berlin, 1970.

WERNER, F. C., Die Benennung der Organismen und Organe. Halle (Saale), 1970.

WETTSTEIN, R., Handbuch der Systematischen Botanik. Leipzig und Wien, 1935.
WOLKOWA, E. W. & FILJUKOW, A. I., Filosofskije woprosy teorii wida. Minsk, 1966.

Anschrift des Verfassers: Dr. ULRICH SUCKER, Sektion marxistisch-leninistische Philosophie der Humboldt-Universität, Bereich Philosophie/Wissenschaft, 108 Berlin, Universitätsstr. 3 b. DDR.

Diskussion

KLOTZ, Jena
Es ist nicht klar geworden, ob die höheren taxonomischen Kategorien real existieren. Sind Sie der Meinung, daß diese Kategorien objektiv – real existieren?

SUCKER, Berlin
Selbstverständlich bin ich der Meinung, daß alle Kategorien oberhalb der Art, also z. B. Ordnung, Familie, Gattung usw. auch objektiv real existieren. Daß diese Kategorien objektiv real existieren, war ein wesentliches Anliegen, das ich hier vortragen wollte. Ich habe ja versucht, diese beiden Konzeptionen, also einerseits: es existieren nur die Arten real, andererseits: es existieren nur die höheren taxonomischen Kategorien real, miteinander zu konfrontieren, und habe HAECKEL als einen Vertreter der letzteren Konzeption angeführt, der nur den höheren taxonomischen Einheiten – im wesentlichen den Stämmen – eine Realität zugesprochen hat. Ich bin der Meinung, und habe auf Grund philosophischer Ergebnisse formuliert, daß man das Allgemeine, im vorliegenden Falle alle taxonomischen Kategorien, stets am Einzelnen nachweist und fixiert und es insofern selbstverständlich als objektiv real anerkennen muß. Nur insofern ist es real. Es existiert aber nicht als Begriff oder z. B. als Stamm oder als irgendeine andere taxonomische Kategorie an sich. Ich glaube doch, daß dieser Sachverhalt im Vortrag sichtbar geworden ist.

Aus dem Herbarium Haussknecht, Sektion Biologie der Friedrich-Schiller-Universität Jena

Zu Begriff und Inhalt der taxonomischen Kategorien und nicht-taxonomischer Einheiten

HERMANN MANITZ

Zu den wesentlichsten Ergebnissen der Auseinandersetzung des Menschen mit seiner Umwelt gehört seit jeher die Unterscheidung und Benennung der ihm bekannt gewordenen Lebewesen und ihre Einordnung in Systeme. Wenn mit dieser Ordnung lediglich eine übersichtliche Gliederung bezweckt wird oder wenn sie zur Befriedigung gewisser praktischer oder ökonomischer Bedürfnisse erfolgt, kann man die Pflanzen nach recht unterschiedlichen Prinzipien gruppieren, etwa nach ihrer Heilkraft, ihrer Wuchsform, ihren Früchten oder aber nach der Zahl der Staubblätter ihrer Blüten. Diese so entstehenden künstlichen Systeme können lediglich das Ordnungsbedürfnis des Menschen befriedigen, da sie nicht in der Lage sind, zu einem realen Abbild der Natur beizutragen.

Als einzige objektive Grundlage eines natürlichen Systems ist die in der Zeit abgelaufene Evolution anzusehen, die in einem dialektischen Wechselspiel von Mutationen und Rekombinationen auf der einen, mit Selektions- und Isolationsvorgängen auf der anderen Seite zu Abstammungsgemeinschaften geführt hat, jenen Raum-Zeit-Körpern, die sich voneinander durch abgestufte Diskontinuitäten unterscheiden.

Vor der systematischen Biologie steht nun die Aufgabe, diese historisch gewordene Vielfalt zu erkennen und sie auf eine natürliche Weise zu ordnen. „Bis heute aber hat noch niemand eine andere ‚natürliche' Verwandtschaft aufzeigen können, als eine solche, die auf gemeinsamer Abstammung beruht, und das einfach aus dem Grunde, weil die vom System zu erfassenden Organismengruppen, die Sippen – gleichgültig, ob Arten, Gattungen, Familien, Ordnungen usw. – eben nichts anderes sind als Abstammungsgemeinschaften. ... Weil aber ein und dasselbe Objekt nicht mehrere Abstammungen haben kann, ist es tatsächlich nur möglich, ein einziges natürliches System aufzustellen: das ‚natürliche System' der Pflanzen ist die Widerspiegelung ihres phylogenetischen Zusammenhanges, d. h. ihrer Abstammungsverhältnisse." (SCHWARZ 1955: 292–293)

Es ist hinlänglich bekannt, daß alle Kenntnisse, auch die über die Phylogenie der Pflanzen, den Charakter relativer Wahrheiten besitzen. Der Fortschritt in der Wissenschaft erfordert, daß die meisten Erkenntnisse im Laufe der Zeit verbessert, präzisiert oder auch verworfen werden. Daraus läßt sich kein Beweis für die Richtigkeit agnostizistischer oder skeptizistischer Anschauungen ableiten, da es wohl relative, d. h. historisch bedingte Erkenntnisschranken, aber keine absoluten gibt.

Bei der Erarbeitung von Abbildern der objektiv existierenden Abstammungsgemeinschaften befindet sich der Systematiker in der Situation eines Kriminalisten, der einen zeitlich zurückliegenden Vorgang hauptsächlich mit Hilfe von Indizien rekonstruieren soll. Die direkten Beweismaterialien des Systematikers, die Fossilien, sind meist äußerst lückenhaft und bisweilen insofern unzuverlässig, als ihr Zusammenhang zum „Täter" auch wieder nur indirekt erschlossen werden kann. So bleiben hauptsächlich die Merkmale der konkreten pflanzlichen Individuen übrig, die zum Versuch einer Klärung des Sachverhaltes erfaßt und vergleichend bearbeitet werden müssen.

Seit dem Altertum dienten morphologische Merkmale als Kriterien für die Unterscheidung systematischer Einheiten gleichen Ranges, ihrer Subordinierung oder der Vereinigung gleichrangiger Gruppen unter eine übergeordnete Kategorie. Mit der zunehmenden Erforschung der Verbreitung der Sippen kam gegen Ende des vergangenen Jahrhunderts ein weiterer wichtiger Merkmalsbereich hinzu. So konnte WETTSTEIN 1898 die „geographisch-morphologische Methode" als grundlegende systematische Arbeitsmethode umfassend begründen. Damit hat er den Zusammenhang von Organismus und Umwelt, wenn auch jeweils nur auf eine Gruppe von Merkmalen reduziert, für seine Zeit aber umfassend dargestellt. Seither ist mit Erfolg versucht worden, diese Methode weiter auszubauen und den sich ständig erweiternden Aussagemöglichkeiten anzupassen. Dabei wurde eine Reihe neuer Namen geprägt, wie „vergleichende Merkmalsgeographie" (SCHWARZ 1936) oder „Merkmalskomplex" (VENT 1962).

In diesem Jahrhundert wurde eine ganze Reihe botanischer Teildisziplinen entwickelt oder weiter ausgebaut, die man seit der Begründung der „Neuen Systematik" durch HUXLEY (1940) gern der „klassischen" oder „orthodoxen" Morphologie und Pflanzengeographie gegenüberstellt. Die Merkmale, die mit Hilfe dieser „modernen" Richtungen einer systematischen Auswertung zugänglich gemacht werden, lassen sich aber leicht in das WETTSTEIN'sche Konzept integrieren, da sie sich von ihm nicht qualitativ unterscheiden. Dieses Konzept umfaßt nach unseren heutigen Kenntnissen auf der einen Seite Informationen über die Pflanzen selbst, also ihre morphologischen, anatomischen, cytologischen, genetischen, embryologischen, palynologischen, phytochemischen und physiologischen Merkmale und auf der anderen Seite Angaben über ihre Auseinandersetzung mit der Umwelt: ihre Verbreitung, ihre ökologischen Ansprüche und die daraus resultierenden phytocoenologischen Bindungen.

Wenngleich die Ausweitung des Inhaltes von Begriffen stets Gefahren bei ihrer Anwendung in sich birgt, so sollte man doch gewisse Prioritäten gelten lassen und den Ausdruck „geographisch-morphologische Methode" als Bezeichnung für die nur quantitativ erweiterte Fassung der biologisch-systematischen Forschungsmethodik verwenden.

Eine der Möglichkeiten, das durch die geographisch-morphologische Methode erarbeitete Abbild der Phylogenie zu veranschaulichen, stellt – in der Form kategorisierender Begriffe – das natürliche System dar (vgl. MANITZ 1970). Jedes Abbild enthält bekanntlich objektive und subjektive Elemente, die sich sowohl in seinem Inhalt, wie in seiner Form bemerkbar machen. Mit der Anhäufung weiteren Wissens werden sich auch die Vorstellungen von der Phylogenie ständig der Wirklichkeit nähern, selbst wenn sich manche durch das Hervortreten subjektiver Faktoren zeitweilig stärker davon entfernen. Das hat schon SCHRANK (1789: 46), lange vor dem Bekanntwerden der realen Hintergründe der natürlichen Systematisierung im Bereich der Lebewesen erkannt, als er schrieb: „Bey alle dem gestehe ich gern ein, daß man nach und nach dem natürlichen Systeme werde näher kommen können, aber erreichen, schreiben wird man es nie; es wird ewig eine Hyperbel bleiben, deren Schenkel den Asymtoten menschlicher Bemühungen immer unerreichbar seyn werden . . .“

Durch die taxonomischen Kategorien ist somit eine Möglichkeit gegeben, das jeweilige Wissen über die Phylogenie zur Darstellung zu bringen. Dabei stehen die Kategorien jeder Einzelwissenschaft in engem Zusammenhang mit den allgemeinen philosophischen Kategorien.

Im logischen Begriffsgebäude sind die Kategorien Gattung und Art Ausdrücke für Klassen von Dingen, die einander untergeordnet sind. Dabei kann eine Gattung wieder Art für einen umfassenderen Gattungsbegriff sein. Beide Begriffe sind durch die Relation des Enthaltenseins miteinander verbunden. Auf dieser seit Aristoteles bekannten subordinierenden Betrachtungsweise baut sich das hierarchische System der taxonomischen Kategorien auf. Jeder Systematiker, der bei seiner Arbeit von den Grundlagen der Abstammungslehre ausgeht, bringt mit der Zuordnung von Unterarten zu einer Art, von Arten zu einer Gattung, kurz, von niederen Einheiten zu höheren zum Ausdruck, daß er auf Grund seiner Untersuchungen und nach dem gegenwärtigen Stand der Kenntnisse annehmen muß, daß diese Taxa jeweils umfassendere Abschnitte von Abstammungsgemeinschaften repräsentieren.

Mit dem Aufkommen der „modernen“ Richtungen, besonders der Populationsgenetik, der Ökologie, aber auch der Embryologie, Cytologie und der sogenannten experimentellen Taxonomie oder Biosystematik wurden viele recht unterschiedliche Evolutionsmechanismen erkannt, von denen wahrscheinlich gemacht werden konnte, daß sie entweder allein oder miteinander kombiniert zur Herausdifferenzierung von Sippen geführt haben und noch ständig führen.

Um diese wichtigen Erkenntnisse, die für das Verständnis der uns heute vorliegenden historisch gewordenen Lebewesen sehr bedeutsam sind, auch in der Kategorienbezeichnung und in der Benennung äußerlich leicht sichtbar werden zu lassen, beschritt man zwei scheinbar entgegengesetzte Wege: Man versuchte die taxonomischen Kategorien durch vor allem genetische Kriterien neu zu definieren, oder es wurden zur Klassifizierung der verschiedenen

Einheiten unabhängige Kategorien ersonnen. Letztere benutzte man auch als taxonomische Kategorien, meist infraspezifisch oder anstelle der Art.

TURESSON begründete 1922 in zwei Arbeiten eine Reihe von Begriffen für ökologische und für genetische Einheiten, nämlich Coenospecies, Ökospecies, Ökotyp und Ökophene auf der einen und Genospecies, Genotyp, Phenotyp und Genophene auf der anderen Seite. Durch die Schaffung des Begriffes Genökologie (oder Rassenökologie) war die Möglichkeit der Verknüpfung dieser beiden Einheitengruppen gegeben. Hierzu schreibt TURESSON (1926: 17): „Wir müssen also annehmen, daß es die ökologischen Faktoren sind, die die verschiedenen Biotypengruppen oder Rassen aus einer schon vorher existierenden Biotypenmasse oder aus einem Kombinationsmaterial, dessen Umfang durch die vorhandene Anzahl verschiedener Biotypen bestimmt wird, sowohl selektionieren wie isolieren." Als Aufgabe für die Zukunft formulierte er (l. c.: 36): „Wir müssen ganz einfach dahin kommen, daß wir aus der Nomenklatur herauslesen können, ob wir es mit einer Modifikation, einem Ökotypus, einem nur geographischen Isolierungsprodukt, oder einem Isolierungsprodukt anderer Art, z. B. einer apogamen Linie einer *Hieracium*- oder einer *Alchemilla*-Art zu tun haben." 1929 schuf er dann auch zur Bezeichnung von Apomiktenpopulationen, „deren Konstituenten aus morphologischen, zytologischen oder anderen Gründen gemeinsamer Ursprung zuzuschreiben ist" (p. 332), den Begriff Agamospecies. Nebenbei sei bemerkt, daß derartige Gruppen bereits 1907 von KUPFFER als Apogameten bezeichnet wurden.

Gregor (1932) führte noch „Geo-ecotype" für einen nur durch geographische Faktoren entstandenen Ökotyp ein, ersetzte aber 1939 diesen Namen durch „Microtopotype". In dieser Arbeit erkannte er als spezifische Termini Coenospecies und Ecospecies und als infra-spezifische Termini Topocline, Ecocline, Topotype, Ecotype, Microtopotype und Exotype an. Namen wie *Plantago coena-maritima eco-maritima* waren für ihn die nomenklatorischen Konsequenzen, um Ökospecies exakt benennen zu können.

Noch weiter gingen CAMP et GILLY (1943), indem sie 12 Typen von Arten aufstellten, nämlich: Homogeneon, Phenon, Parageneon, Dysploidion, Euploidion, Alloploidion, Micton, Rheogameon, Cleistogameon, Heterogameon, Apogameon und Agameon. Ihnen folgte MERXMÜLLER (1949).

Solch eine Zusammenstellung von Begriffsneuschöpfungen ließe sich noch beliebig fortsetzen. Es soll aber hier nur noch an die Untergliederung des spezifischen und subspezifischen Bereichs durch LAMPRECHT (1966) in Addospecies, Superspecies, Mixtospecies, Apomicten und Reatypen erinnert werden.

Durch die Schaffung dieser Begriffe befindet sich der Systematiker heute in einer komplizierten Situation. Auf der einen Seite benutzt er nur die im Artikel 4 des Internationalen Code der Botanischen Nomenklatur genannten Rangstufen unterhalb der Art (Subspecies, Varietas, Subvarietas, Forma, Subforma), auf der anderen Seite werden „Arten", die auf verschiedenen Konzepten beruhen, als mehr oder weniger gleichberechtigt nebeneinandergestellt oder andere Einheiten, wie Population, Ökotyp, Reatyp und Cytotyp als Kategorien unterhalb des Artniveaus eingereiht.

Alle diese Einheiten stellen im philosophischen Sprachgebrauch Begriffe dar. Sie sind gedankliche Widerspiegelungen der Strukturelemente von Sachverhalten. Begriffe haben einen Inhalt und einen Umfang. Der Begriffsumfang widerspiegelt die Klasse von Sachverhalten, auf die dieser Begriff zutrifft; der Begriffsinhalt hingegen widerspiegelt die Gesamtheit der Merkmale, die allen durch diesen Begriff widergespiegelten Sachverhalten gemeinsam sind. Bei der Definition von Begriffen ist zu beachten, daß jeder Sachverhalt nur mit Hilfe der ihm adäquaten Methodik abgebildet werden kann.

Jeder wird gern einsehen, daß der Begriff „Meter", würde man ihn mit der Methodik der Zeitmessung neu definieren, seinen Platz im Begriffssystem der Längenmaße verlieren würde und eine Zeiteinheit wäre. Es ist aber nicht allen klar, daß der Begriff „Art", definiert man ihn in irgendeiner „modernen" Weise, etwa als „Inbegriff sämtlicher Biotypen, die Träger derselben Allele von interspezifischen Genen sind" (LAMPRECHT 1966: 145), seinen Platz im System der taxonomischen Kategorien verliert und zu einem genetischen Begriff wird. Nur auf der Grundlage dieses genetischen Begriffes „Art" ist es z. B. möglich, von Sippen mit ein- oder ungeschlechtlicher Fortpflanzung festzustellen, sie stünden „außerhalb der Artdefinition" (THOMAS 1971: 146).

Werden derartige Auffassungen konsequent weitergeführt, ist es verständlich, wenn BLACKWELDER (1967) neben den Arten in der Taxonomie die nicht-taxonomischen Arten („Non-taxonomic species") unterscheidet und darunter solche „Sorten" von Arten versteht, die nicht durch die systematische Methodik definiert werden, wie genetische Arten, biologische Arten, Agamospecies usw. Damit erhält die taxonomische Kategorie „Art" ein Homonym im nicht-taxonomischen genökologischen Begriffssystem. Denn als Bezugsbasis dieses Systems dienen nicht die Taxa, sondern die sich (sexuell oder asexuell) vermehrenden Individuen, also die Fortpflanzungsgemeinschaften und nicht die Abstammungsgemeinschaften. Die Begriffe dieses genökologischen Systems sind nicht ausschließlich durch die Relation des Enthaltenseins (wie die taxonomischen Kategorien) miteinander verbunden, sondern hier überwiegen in koordinativer Betrachtungsweise die Relationen der Überschneidung und des Disjunktseins.

Dieser Unterschied in der Art und Weise der Naturbetrachtung erfordert also aus erkenntnistheoretischen Gründen eine Trennung des taxonomischen Kategoriensystems von nicht-taxonomischen Begriffssystemen. Diese Trennung hat natürlich auch eine praktisch-nomenklatorische Seite, sowohl im Hinblick auf die Benennung der allgemeinen Begriffe als auch auf die Benennung der einzelnen Sippen oder Pflanzengruppen, die durch den jeweiligen Begriff umschrieben werden.

Die nicht-taxonomischen Einheiten einzelnen botanischen Teildisziplinen zuzuordnen, ist durch Überschneidung der Begriffsinhalte sehr erschwert und scheint auch seit der Herausbildung der Biosystematik nicht mehr unbedingt notwendig zu sein. Man kann aber sagen, daß der Ökotyp, in der ursprünglichen Fassung TURESSONs das Ergebnis genotypischer Anpassung einer Biotypengruppe an bestimmte Umweltverhältnisse, eine ökologische, vielleicht sogar die wichtigste ökologische Einheit darstellt. Die Ökospecies dagegen, die durch das Kriterium des freien Genaustausches nahe verwandter Ökotypen charakterisiert wird, gehört primär in ein genetisches Begriffssystem, und es wäre zu diskutieren, ob sie nicht nur einen Sonderfall einer Population darstellt. Denn als Population (genauer als mendelsche Population) wird allgemein eine geschlechtliche Fortpflanzungsgemeinschaft sich kreuzender Individuen aufgefaßt, die einen gemeinsamen Genbestand besitzt. Damit dürfte sich die mendelsche Population als die umfassendste natürliche genetische Einheit erweisen. Als Beispiele weiterer genetischer Begriffe sollen nur noch Klon und Reine Linie genannt sein.

Daß der Inhalt dieser genetischen und ökologischen Einheiten mit Methoden dieser Richtungen bestimmt wird, ist logisch. Man mißachtet aber diese Logik, wenn man taxonomische Kategorien mit genetischen Methoden definiert, also z. B. diejenigen Individuen, die sich untereinander fertil kreuzen lassen, zu einer Art gehörig erklärt. Es sei an dieser Stelle nochmals betont, daß der Systematiker heute in zunehmendem Maße alle verfügbaren Merkmale, auch die genetischen, zur geographisch-morphologischen Fassung seiner Kategorien heranziehen muß. Daß er die Merkmale nach ihrer Beständigkeit beurteilen und sie nicht zählen, sondern wägen soll, hat schon JUSSIEU (1789) im Vorwort seiner „Genera plantarum“ gefordert.

Einen ersten Versuch zur Schaffung eines von den taxonomischen Kategorien unabhängigen Begriffsgebäudes unternahm DANSER (1929 a, b) in Ausnutzung des Bastardsterilitätsprinzips mit der Einführung von Komparium, Kommiskuum und Konvivium. Nachhaltigeren Erfolg in dieser Richtung hatten aber erst GILMOUR & GREGOR (1939) durch die Begründung der Demen-Terminologie. Dabei bedeutet Deme (wie Taxon im taxonomischen Kategoriensystem) einen in Inhalt und Umfang allgemeinen Begriff, der durch Anhängen von Präfixen vielfältig präzisiert werden kann. Die 10 Grundeinheiten (GILMOUR 1967) sind: Topodeme, Ökodeme, Phenodeme, Genodeme, Plastodeme, Gamodeme, Autodeme, Endodeme, Agamodeme und Clinodeme. Aber auch zusammengesetzte Bildungen sind möglich, wie Genökodeme. Ob sich diese Benennungen als allgemein verbindlich durchsetzen werden, bleibt abzuwarten. Es dürfte aber besser sein, eine in jeder Hinsicht unabhängige Begriffs-Terminologie zu verwenden und damit Verwirrungen durch gleich- oder ähnlichlautende Worte zu vermeiden, also beispielsweise besser Agamodeme statt Agamospecies für eine durch apomiktische Vermehrung ausgezeichnete Gruppe zu verwenden.

Was nun die Benennung der einzelnen Pflanzen anbetrifft, so haben wir heute nur die ebenfalls durch den Internationalen Nomenklaturcode in ihrer Bildung und Anwendung geregelte wissenschaftliche Benennung, die auf den taxonomischen Kategorien basiert. Will man die durch nicht-taxonomische

Einheiten umschriebenen Pflanzengruppen mit diesen Namen belegen und keine eigene Nomenklatur schaffen, so gibt es nur die Möglichkeit, jeden konkreten Einzelfall mit Hilfe der geographisch-morphologischen Methode in das taxonomische Kategoriensystem zu übertragen und festzustellen, in welchen Rang diese Gruppe einzustufen ist; „es mag uns leicht oder sauer werden, sie von einer andern höchstverwandten ... zu unterscheiden" (SCHRANK 1789: 38).

Das heißt also: es gibt keine allgemein gültigen Entsprechungen, etwa in der Weise, daß man sagen könnte, jedem Ökotyp oder jeder Ökodeme entspricht die taxonomische Kategorie der Subspecies. Diese Entscheidung muß vom Systematiker für jede Gruppe gesondert getroffen werden. Ein Extrem wird sein, daß die Merkmale der durch ökologische oder genetische Methoden gebildeten Gruppen nicht ausreichen, um sie als taxonomische Kategorien klassifizierbar zu machen. Andererseits wird z. B. die Kenntnis genetischer Kreuzungsbarrieren, etwa durch Polyploidie, dem Systematiker Argumente in die Hand geben, vorhandene morphologisch-geographische Unterschiede höher zu bewerten.

Auf die Trennung der taxonomischen Kategorien von nicht-taxonomischen Einheiten sowohl in begrifflicher wie in nomenklatorischer Hinsicht wurde in letzter Zeit immer wieder hingewiesen, so von GILMOUR & HESLOP-HARRISON (1954), VALENTINE & LÖVE (1958), HESLOP-HARRISON (1960), WALTERS (1962), GILMOUR (1967) und BRIGGS & WALTERS (1969). Auch ROTHMALER (1960) wandte sich gegen jede Begriffs- und Methodenvermengung, wenn er schrieb[1]: „In jeder wissenschaftlichen Arbeit muß man sich hüten, gegensätzliche Arbeitsrichtungen miteinander zu vermengen. Wenn man Taxonom ist, dann muß man auch nach taxonomischen Prinzipien vorgehen und nicht nach genetischen, wohl aber kann und muß man die Genetik als Hilfswissenschaft benutzen. Wenn die Taxonomie bestimmte Tatsachen unterscheidet und feststellt, wenn sie eine bestimmte Terminologie verwendet, dann muß und kann sie das vom Standpunkt ihrer wissenschaftlichen Methoden und Grundlagen aus tun; sie kann aber nicht plötzlich ihre Forschungsergebnisse genetisch oder biochemisch begründen. ... Jedes Taxon entspricht einem taxonomischen Begriff, dessen Umfang und Bedeutung mit taxonomischen Methoden, also durch Abstimmung und Erkenntnis von morphologischen, physiologischen und anderen Merkmalen des betreffenden Organismus und von Merkmalen seiner Beziehungen zur Umwelt, also seiner Ökologie und Chorologie, bestimmt ist. Zu all diesen Merkmalen können auch genetische oder biochemische, anatomische und coenologische herangezogen werden, doch können sie in keiner Weise entscheidend über die anderen dominieren."

Mit dem Verhältnis zwischen Systematik und Genetik hat sich SCHWARZ

[1]) Zitiert nach dem deutschen Manuskript dieser Arbeit, das sich zusammen mit dem größten Teil des wissenschaftlichen Nachlasses WERNER ROTHMALERs im Herbarium Haussknecht, Jena, befindet. Hier sind einige Passagen deutlicher dargestellt als in der publizierten englischen Übersetzung.

bereits 1937 beschäftigt. Seine Schlußfolgerungen lassen sich aber auch auf andere nicht-taxonomische Bereiche anwenden. Er schreibt: „Weil aber die Systematik — trotz aller gegenteiligen Definitionen — und obgleich sie von der Anschauung konkreter Individuen ausgeht — ständig das genealogische, d. h. zeitliche Zuordnungsverhältnis der Individuen, also die Einzelfälle einer Totalität, als Untersuchungsobjekte im Auge hatte und noch hat, bewegen sich die Forschungen von Genetik und Systematik auf zwei logisch durchaus verschiedenen Ebenen, die sich nur auf der Linie der Individuen als konkreten Anschauungsobjekten schneiden. Hier liegt wohl der tiefere Grund, weshalb der ‚reine' Genetiker dem Systematiker oft so verständnislos gegenübersteht." (p. 43—44)

In jüngster Zeit geht TACHTADŽJAN (1970) bei der Charakterisierung der Biosystematik als einer synthetischen Disziplin davon aus, daß diese Richtung sich zweier voneinander unabhängiger komplementärer Kategoriensysteme bedient. Einerseits werden die taxonomischen Kategorien verwendet, andererseits genökologische Kategorien, die auf völlig anderen Kriterien beruhen und die anderen Zwecken dienen.

Diese Auffassung entspricht völlig den Prinzipien der dialektischen Logik, die davon ausgeht, daß die den Sachverhalten innewohnenden dialektischen Widersprüche durch dialektisch widersprüchliche Begriffe abgebildet werden. Das vielleicht bekannteste Beispiel für diese Widerspruchsdialektik ist die durch komplementäre Begriffe abgebildete Auffassung der Elementarteilchen als Welle oder als Korpuskel. Ebenso verhält es sich mit der belebten Natur, deren Glieder einmal in ihrem historischen Werden als Abstammungsgemeinschaften gesehen und durch die taxonomischen Kategorien abgebildet werden können. Andererseits kann man dieselben Lebewesen als Glieder von Fortpflanzungsgemeinschaften auffassen, muß sie dann aber durch die Begriffe der genökologischen Terminologie abbilden.

Zum Schluß soll noch einmal ROTHMALER mit zwei Zitaten aus seiner Arbeit über „Systematische Einheiten in der Botanik" (1944) zu Worte kommen, in denen der hier dargelegte Sachverhalt ausgezeichnet zusammengefaßt wird: „Weder Klon noch Reine Linie, weder Biotyp noch Ökotyp sind systematische oder systematisch anwendbare Begriffe, worauf auch DU RIETZ bereits hingewiesen hat. Sie liegen auf einer ganz anderen Ebene, so daß beispielsweise Formen, Varietäten oder auch Arten (ja sogar monotypische Gattungen) Klone sein können, wenn sie der Fähigkeit sich sexuell zu vermehren bar sind." (p. 6) „Die systematischen Einheiten sind auf der Konstanz ihrer Merkmale, auf ihrer Geschichte und ihrer Verbreitung begründet; diese Merkmale werden von der Systematik mit den ihr eigenen Methoden erforscht. Daß die Konstanz genetisch bedingt ist, daß die Isolierung auf diese oder jene Weise erfolgt, daß ein bestimmter Erbmodus vorliegt usw., ist sicher wichtig zu wissen, diese Dinge sind auch pflanzengeographisch von höchstem Interesse; auf die Begriffe oder Kategorien der Systematik haben sie aber keinen direkten Einfluß." (p. 8)

Literaturverzeichnis

BLACKWELDER, R. E., Taxonomy. A text and reference book. New York, London, Sydney, 1967.

BRIGGS, D., & WALTERS, M., Die Abstammung der Pflanzen. Evolution und Variation bei Blütenpflanzen. München, 1969.

CAMP, W. H., & GILLY, C. L., The structure and origin of species. Brittonia, *4*, 323–385 (1943).

DANSER, B. H., Über die niederländisch-indischen *Stachytarpheta*-Arten und ihre Bastarde, nebst Betrachtungen über die Begrenzung der Arten im allgemeinen. Ann. Jard. Bot. Buitenzorg, *40*, 1–44 (1929 a).

–, Ueber die Begriffe Komparium, Kommiskuum und Konvivium und über die Entstehungsweise der Konvivien. Genetica, *11*, 399–450 (1929 b).

DU RIETZ, G. E., The fundamental units of biological taxonomy. Svensk Bot. Tidskr., *24*, 333–428 (1930).

GILMOUR, J. S. L., The Deme Terminology. In: BOUGHEY, A. S., Population and Environmental Biology, 2–7. Belmont, 1967.

GILMOUR, J. S. L., & GREGOR, J. W., Demes: a Suggested New Terminology. Nature, *144*, 333 (1939).

GILMOUR, J. S. L., & HESLOP-HARRISON, J., The deme terminology and the units of micro-evolutionary change. Genetica, *27*, 147–161 (1954).

GREGOR, J. W., Experiment methods in taxonomy. Proc. Int. Congr. Genet., *6* (2), 71–73 (1932).

–, Experimental Taxonomy IV. Population Differentiation in North American and European Sea Plantains allied to *Plantago maritima* L. New Phytol., *38*, 293–322 (1939).

HESLOP-HARRISON, J., Infraspecific Differentiation. Pl. Med., *8*, 208–218 (1960).

HUXLEY, J. S., Towards the New Systematics. In: HUXLEY, J. S. (Ed.), The New Systematics, 1–46. Oxford, 1940.

JUSSIEU, A. L. de, Genera plantarum. Paris, 1789.

KUPFFER, K. R., Apogameten, neueinzuführende Einheiten des Pflanzensystems. Österr. Bot. Z., *57*, 369–383 (1907).

LAMPRECHT, H., Die Entstehung der Arten und höheren Kategorien. Experimenteller Nachweis des Ablaufs der Evolution. Wien, New York, 1966.

MANITZ, H., Zur Darstellung der Abstammungsverhältnisse durch die taxonomischen Kategorien. Wiss. Z. Friedrich-Schiller-Univ. Jena, Math.-Naturwiss. R., *19*, 393–399 (1970).

MERXMÜLLER, H., Fragen des Artbegriffs in der Botanik. Naturwiss. Rundschau (Stuttgart), *1949;* 68–73 (1949).

ROTHMALER, W., Systematische Einheiten in der Botanik. Feddes Repert. Spec. Nov. Regni Veg., *54*, 1–22 (1944).

–, Taxonomy and Genetics. Feddes Repert. Spec. Nov. Regni Veg., *63*, 176–179 (1960).

SCHRANK, F. v. P., Baiersche Flora. München, 1789.

SCHWARZ, O., Über die geographisch-morphologische Methode in der systematischen Botanik. Mitt. Deutsch. Dendrol. Ges., *48*, 1–7 (1936).

–, Monographie der Eichen Europas und des Mittelmeergebietes. Repert. Spec. Nov. Regni Veg., Sonderbeih. *D* (1936–1937; Lfg. 2: 1937).

SCHWARZ, O., Die Entstehung der Blüte und die systematische Stellung der Phanerogamen. Mitt. Thüring. Bot. Ges., *1* (2/3), 293—302 (1955).
TACHTADŽJAN, A. L., Biosistematika: prošloe, nastojaščee i buduščee. Bot. Žurn. (Leningrad), *55,* 331—345 (1970).
THOMAS, H., Zur Abgrenzung der niederen taxonomischen Kategorien Rasse, Unterart und Art. Biol. Rundschau *9,* 143—154 (1971).
TURESSON, G., The species and the variety as ecological units. Hereditas, *3,* 100—113 (1922 a).
—, The genotypical response of the plant species to the habitat. Hereditas, *3,* 211 bis 350 (1922 b).
—, Die Bedeutung der Rassenökologie für die Systematik und Geographie der Pflanzen. Repert. Spec. Nov. Regni Veg., Beih. *41,* 15—37 (1926).
—, Zur Natur und Begrenzung der Arteinheiten. Hereditas, *12,* 323—334 (1929).
VALENTINE, D. H., & LÖVE, A., Taxonomix and Biosystematic Categories. Brittonia, *10,* 153—166 (1958).
VENT, W., Merkmalskomplex — Sippenstruktur — Natürliches Pflanzensystem. Wiss. Z. Humboldt-Univ. Berlin, Math.-Naturwiss. R., *11,* 401—405 (1962).
WALTERS, S. M., Generic and specific concepts and the European flora. Preslia, *34,* 207—226 (1962).
WETTSTEIN, R. v., Grundzüge der geographisch-morphologischen Methode der Pflanzensystematik. Jena, 1898.

Anschrift des Verfassers: Dipl.-Biol. HERMANN MANITZ, Sektion Biologie der Friedrich-Schiller-Universität, Herbarium Haussknecht, 69 Jena.

Diskussion

HANELT, Gatersleben

Was Herr MANITZ zu den verschiedenen Kategorien gesagt hat, würde ich vollkommen unterstreichen. Bloß eines hat mir nicht gefallen, und zwar die manchmal zu starke Betonung der Gegensätze zwischen den sogenannten taxonomischen Prinzipien und Methoden bei der Erfassung der Mannigfaltigkeit. Meines Ermessens ist dieses Beharren auf den Gegensätzen zwischen diesen beiden Richtungen einfach falsch, weil es uns dazu führt und verleitet, in einer gewissen Selbstisolierung zu verharren, an der ja die deutsche Systematik und Taxonomie seit einigen Jahrzehnten leidet und die dazu geführt hat, daß wir, das muß man ganz offen aussprechen, wie es so schön heißt, mit dem Weltniveau überhaupt nichts zu tun haben. Ich finde, wir müssen viel mehr unser Bestreben darein setzen, beide dieser Richtungen, die vollkommen ihre eigene Berechtigung haben, zur Deckung zu bringen. Und nur in diesem Falle ist es meines Ermessens in optimaler Weise möglich, die uns in der Natur begegnende Formen-Mannigfaltigkeit zu erfassen in ihren natürlichen Beziehungen, Relationen oder Abstammungsverhältnissen widerzuspiegeln. Also, wie gesagt, ich empfinde diese starre Trennung beider

Aspekte als glücklich. Ich würde eher versuchen oder wir müßten mit allen Kräften versuchen, diese verschiedenen Richtungen und Prinzipien miteinander zu vereinen. Nur dann ist meines Ermessens die Aufgabe, die uns die Natur als Taxonomen stellt, in optimaler Hinsicht zu erfüllen.

KREISEL, Greifswald
Ich möchte Herrn HANELT entgegnen, daß eine klare begriffliche Trennung sicherlich einer Synthese nur förderlich sein kann und nicht im Gegensatz zu ihr steht. – Zu einem anderen Aspekt: Herr MANITZ hat in seiner Einleitung sehr nett die Tätigkeit des Systematikers mit der eines Kriminalisten verglichen. Nun möchte ich – wenigstens rhetorisch – fragen: Wie hoch schätzen Sie denn die Aufklärungsquote ein? Mir scheint nämlich, daß die phylogenetisch orientierten Systematiker leicht einer gewissen Selbsttäuschung unterliegen. Denn in Wirklichkeit verhält es sich ja häufig so, daß man die Phylogenie aus dem System erschließt und nicht das System aus der Phylogenie, die wir in der Botanik in fast allen Fällen nur indirekt kennen. Sollte man nicht vorsichtiger sein und etwa so formulieren, daß das natürliche System dem wahrscheinlichen Ablauf der Phylogenie nicht widerspricht? Dadurch würden wir manche berechtigte Kritik vermeiden.

LEY, Berlin
Ich möchte mich hier von der philosophischen Seite dem ersten Diskussionsredner anschließen. Ich meine nicht, daß man die systematische Erfassung der Art dem Stammesgeschichtlichen entgegensetzen könnte und genauso wenig dem Genetischen. Die Einheit der objektiven Realität spielt sich in der Zeit ab. Und in diesem stammesgeschichtlichen, genetischen Zusammenhang sind jederzeit Querschnitte möglich, die praktisch der horizontalen Erfassung der einzelnen Arten entsprechen. Ich sehe nicht ein, warum man irgendwelche Gruppen von Merkmalen ausschließen sollte, wenn sie dazu dienen, die Artcharakterisierung und die kategoriale Charakterisierung zu verbessern. Die Art und Weise, wie Merkmale festgelegt werden, ist doch wohl als historisch bedingt aufzufassen, wobei durch die Entwicklung der Technik einfach die Möglichkeit des Heranziehens anderer Merkmale hinzukommt. Ob sich auf die Dauer als nötig erweist, sie heranzuziehen, ist eine andere Frage. Es scheint keineswegs nötig, die ganze Vielfalt möglicher Merkmale tatsächlich zwecks Charakterisierung zu berücksichtigen. Aber das hängt ausschließlich davon ab, ob der Zweck erreicht wird. Ich hatte in meinen Ausführungen betont, daß ich mich nicht für die moralische Bevorzugung irgendeiner Menge der Merkmale verstehen könnte. Wie bei jeder Zeichnung, bei jedem Bild, bei jedem Riß, der von irgendeinem Objekt angefertigt wird, hängt es vorwiegend davon ab, das Notwendige und Mögliche heranzuziehen, um einen ganz bestimmten Zweck weiterer Einsicht in die objektiven Strukturen zu erreichen. Der Zweck ist aber hier identisch mit dem, was sich von der objektiven Realität tatsächlich als Strukturmoment anbietet. Nun scheint hier

folgendes vorzuliegen. Wenn historisch auch verschiedene Zweige der Beschäftigung mit dem biologischen Objekt sich ausgebildet haben, dann kann jeweils das eine oder andere Gebiet sozusagen der Modernität wegen in den Vordergrund treten. Aber die genetische Arbeit, die mit sehr großer Bemühung und völlig neue Gebiete aufreißend, die Genloci beispielsweise eruiert und Genkarten bestimmter Arten aufzeigt, haben ihren ganz bestimmten Wirkungsbereich, letztlich beziehen sie sich auf die Form und auf die Gestalt der Objekte, die sich tatsächlich ausbilden. Nun geriet in dem Streit zwischen den Mechanisten und Vitalisten des vorigen Jahrhunderts die Form in Verdikt, sie schien irgendetwas der Erhellung von Mechanismen Abgewandtes zu sein. Ich glaube, man muß sich darüber klar sein, daß die objektive Manifestation der Art, der Subspezies, der verschiedenen Varietäten und der umfassenderen Kategorien sich letztlich und schließlich in der Gestalt äußert, wie Frau NÜRNBERG betonte, die visuell zuerst dem Menschen entgegentritt und andererseits auch gestaltetes Naturobjekt darstellt. Genauso, wie aber das nur mikroskopisch zu Erschließende mit dem, was in der Gestalt dem Auge sichtbar ist, eine Einheit darstellt, so verhält es sich auch umgekehrt, und das eine schließt das andere nicht aus. Man kann weder vom Standpunkt der Anerkenntnis dessen, was dem Auge sichtbar ist, diskutieren und sagen, das andere sei eigentlich gar nicht vorhanden, sondern nur subjektiv erschlossen, genauso umgekehrt streiten, daß von der Genetik her die Form keine Berechtigung mehr hätte. Und diese merkwürdige Gegenüberstellung scheint mir etwas bei der Debatte aufzutreten, ob man denn hier eine Einheit von Systematik und genetischer Spezifizierung durchführen dürfe. Die Totalität sinnlich wahrnehmbarer und theoretisch erschlossener Strukturen bildet die objektive Realität, die dem Menschen im Prozeß seiner eigenen Entwicklung gegenwärtig wird.

MANITZ, Jena
Ich glaube, man geht zu sehr von dem Satz „nomen est omen“ aus, wenn man der Arbeitsmethode der Systematik – der geographisch-morphologischen Methode – als Inhalt nur das unterlegt, was ihr Name besagt. Mit meinem Vortrag wollte ich auch verständlich machen, daß sich diese Methode im Laufe der Zeit nur quantitativ verändert hat, denn sie umfaßt nach wie vor auf der einen Seite Merkmale der Individuen (die sich heute durch die Einbeziehung von Genetik, Embryologie, Cytologie usw. sehr vermehrt haben) und auf der anderen Seite die Merkmale, die aus der Auseinandersetzung des Individuums mit seiner Umwelt resultieren, nämlich seiner Verbreitung, Ökologie, den phytocoenologischen Bindungen usw. Das ist der Inhalt der geographisch-morphologischen Methode, wie ich ihn aufgefaßt wissen möchte. Ähnlich verhält es sich, nebenbei bemerkt, mit dem Terminus „Biosystematik“. TACHTADŽJAN (1970) weist auch darauf hin, daß er eine unglückliche Wortbildung darstellt.

SUCKER, Berlin

Ich möchte zu den Ausführungen vom Kollegen MANITZ nur zwei kurze Fragen stellen. Und zwar habe ich mich gefreut, daß er nach mir gesprochen hat – das war sicherlich ein Zufall – aber auf Grund seiner Ausführungen sind doch viele Sachen, die ich angesprochen hatte oder versucht habe, anzusprechen, klar geworden, so z. B. die Fragen des Widerspiegelungsverhältnisses der taxonomischen Kategorien zur Realität u. a. Unter anderem ist auch das Problem angeschnitten worden, wie man zu Begriffsbildung kommt, also speziell zur taxonomischen Begriffsbildung. Sie hatten dort die Ausführungen gemacht, daß alle Einheiten, also alle Taxa Begriffe sind. Ich würde mich dem voll anschließen. Es gibt aber auch Auffassungen, und da scheiden sich die Meinungen der Auffassung der Art, des Begriffs der Art und der höheren taxonomischen Kategorien, die besagen z. B., daß die Art, nur die Art als System mit Hilfe einer Systemanalyse zu fassen wäre und die begriffliche Fassung der Art mittels der logischen Klassenbildung, wie sie für die höheren taxonomischen Kategorien vorgenommen wird, für die Art nicht anwendbar sei. Wenn ich Sie recht verstanden habe, wenden Sie sich im Prinzip auch dagegen, sagen also, alle taxonomischen Begriffe, also auch die der Art und die unterhalb der Art, sind Begriffe im Sinne der logischen Klassenbildung. Ich würde dem zustimmen und möchte Sie bitten, vielleicht dazu noch einmal kurz etwas auszuführen, und zweitens würde ich Sie bitten, in dem Zusammenhang noch einmal zu versuchen, den Begriff des Taxons zu definieren.

MANITZ, Jena

Ich bin von der allgemeinen Definition des Wortes „Begriff" im philosophischen Sprachgebrauch ausgegangen, daß ein Begriff eine Widerspiegelung von Sachverhalten ist und davon, daß sich die Phylogenie in abgestuften Abschnitten von Abstammungsgemeinschaften repräsentiert. Diese objektiv existierenden Abschnitte können durch Begriffe abgebildet werden. So sehe ich auch die Realität sowohl niederer als auch höherer taxonomischer Kategorien im taxonomischen Begriffssystem. Sie sind natürlich in anderen Begriffssystemen nicht real.

Den Ausdruck Taxon verwende ich als Namen einer taxonomischen Kategorie unbestimmter Ranghöhe. Ich halte mich damit an die Definition, die im Nomenklaturcode gegeben wird.

Aus dem Zentralinstitut für Genetik und Kulturpflanzenforschung Gatersleben der Akademie der Wissenschaften der DDR

Struktur und Dynamik von Kulturpflanzenarten

S. DANERT †, J. SCHULTZE-MOTEL & E. TABBERT[1])

Kulturpflanzenarten sind seit DARWIN das am besten geeignete Objekt, um die Dynamik im Evolutionsablauf einer Sippe innerhalb eines relativ begrenzten Zeitraumes zu demonstrieren. Bei der Beurteilung evolutionärer Zusammenhänge drängt sich ein Bezugssystem auf, das bei der Einschätzung der Dynamik einer Wildpflanzenart kaum zur Geltung kommt. Der Mensch hat in ± unbewußter jahrtausendelanger Selektionsarbeit bei manchen Pflanzensippen so sehr lenkend in den kontinuierlichen Änderungsprozeß eingegriffen, daß heute genetische Zusammenhänge zu einer Wildsippe nicht mehr erkennbar bzw. nur auf experimentellem Wege vermutet werden können (Beispiele: Süßkartoffel, Kartoffel, Erdnuß). Dabei ist die Bezugsbasis „Mensch“ nicht unmittelbar als Evolutionsfaktor anzusehen, vielmehr schuf der Mensch nur die Voraussetzungen zur Entfaltung der Dynamik einer Kulturpflanzensippe.

Die Selektion wurde ausschließlich bestimmt durch die Bedürfnisse des Menschen und konzentrierte sich im allgemeinen auf einen oder wenige Pflanzenteile, mit anderen Worten, die dynamische Potenz einer formenreichen Kulturpflanzenart ist weit höher einzuschätzen als sie die gegenwärtige infraspezifische Mannigfaltigkeit repräsentiert. Zweifellos entwickelte sich unter Kulturbedingungen ein weit stärker gefächertes Spektrum von Progressionen, doch wurden alle in andere Evolutionsrichtungen tendierende Sippen, die für eine Nutzung weniger geeignet waren, eliminiert. Aber selbst dieser relativ schmale Ausschnitt innerhalb einer Kulturpflanzenart reicht aus, um die Potenz der evolutiven Dynamik überzeugend zu demonstrieren. Als Beispiel einer Sippe, in der durch den Menschen mehrere Evolutionsvektoren gefördert wurden, sei auf die formenreiche Art *Brassica oleracea* hingewiesen. Bei anderen Kulturpflanzenarten, so z. B. beim Lein, waren die Bedürfnisse insofern verschieden, als sich im Mittelmeerraum vornehmlich Ölleine entfaltet haben, die sich durch eine intensive Verzweigung, große Blüten, Früchte und Samen auszeichnen, während sich in den weiter nördlich gelegenen Anbaugebieten die Selektion auf Faserleine konzentrierte, die durch eine geringe Verzweigung, einen hohen Wuchs, kleinere Blüten und auch kleinere Früchte und Samen ausgezeichnet sind.

Seit es eine Züchtung im modernen Sinne gibt, war der Mensch bestrebt,

[1]) VEB Maschinelles Rechnen Schwerin.

alle räumlichen und physiologischen Barrieren, die in natürlichen Populationen als limitierende Faktoren für die Entfaltung einer Sippe auftreten können, zu überwinden. Die großen Erfolge der Pflanzenzüchtung basierten vornehmlich auf der Nutzung der Kombination mehrerer ertrags- und qualitätsbestimmender Eigenschaften durch gezielte Kreuzungsexperimente. Die Anwendung der Mutationsforschung, die Applikation von Colchicin und anderen mutagenen Agenzien zur Erzielung von Gen-, Chromosomen- und Genomänderungen, die Nutzung der Cytologie durch Anfertigung von Genkarten mit einer Lokalisation der Anlagen für bestimmte Merkmale und die Erkenntnisse der Physiologie führten immer mehr zu einer genauen Erfassung ertragsbildender Einzelkomponenten, woraus sich die Grundlagen für eine gegenwärtig noch zunehmende Ertragssteigerung ergaben. Bereits in den vergangenen Jahrtausenden trug aber auch der Mensch insofern wesentlich zur Erhöhung der Mannigfaltigkeit bei, als er durch den Anbau verschiedener Linien auf einem Feld künstlich die Bedingungen für eine Neukombination der Gene schuf und damit eine weitere Erhöhung des Evolutionspotentials veranlaßte. Im Gegensatz zu infraspezifischen Taxa vieler Wildpflanzenarten können wir deshalb Kulturpflanzen als ein Sippengemisch ansehen, in dem die Merkmale einzelner Merkmalsreihen netzartig miteinander verknüpft sind.

Besonders groß ist die infraspezifische Formenmannigfaltigkeit strukturbestimmender Kulturpflanzenarten, z. B. Weizen und Gerste, in den Entfaltungszentren dieser Sippen. Seit VAVILOV werden in Ländern mit einer hochentwickelten Pflanzenzüchtung in lebenden Sammlungen Landsorten aus Mannigfaltigkeitszentren als Basis für züchterische Entwicklungsarbeiten erhalten. Die umfassende Nutzung solcher umfangreichen Genreservoire ist eine wichtige Aufgabe der Pflanzenzüchtung und der Züchtungsforschung. Nach wie vor basieren Neuzüchtungen auf relativ wenigen Ausgangssippen, deren Werteigenschaften miteinander kombiniert werden, gegenwärtig wird also nur ein relativ kleiner Ausschnitt des verfügbaren Gesamtpotentials innerhalb einer Kulturpflanzenart genutzt. Es ist zu erwarten, daß in absehbarer Zeit ein Optimum an Kombinationen und damit ein Ertragsmaximum erreicht sein wird.

Verschiedene Disziplinen der Grundlagenforschung sind bestrebt, Methoden zur Selektion züchterischen Ausgangsmaterials zu entwickeln, um den Anforderungen einer perspektivisch orientierten Pflanzenzüchtung gerecht zu werden. Im Rahmen gezielter Screening-Programme bemüht man sich um die Erfassung von Sippen mit hervorragenden Qualitätseigenschaften. Genetik und Cytologie haben aufzeigen können, daß für einzelne Eigenschaften sehr verschiedene Gene verantwortlich zu machen sind. Die additive Anhäufung von Anlagen für wertbestimmende Merkmale in einem Genom ist eines der Ziele der Pflanzenzüchtung. Doch aus technischen Gründen ist es einfach nicht möglich, durch genetische und cytologische Analysen ein größeres Sortiment zu analysieren, um Sippen mit hervorragenden ertragsbildenden Faktoren zu selektieren.

Welchen Beitrag kann die Kulturpflanzentaxonomie zur Auswahl züchterischen Ausgangsmaterials leisten? Vergleichen wir die Ergebnisse und Möglichkeiten der Kulturpflanzensystematik mit denen der Wildpflanzensystematik, so ist es in vielen Taxa strukturbestimmender Kulturpflanzenarten nicht gelungen, echte Abstammungsgemeinschaften zu erfassen, vielmehr dienen zur Orientierung in der Mannigfaltigkeit künstliche Systeme, die auf den Unterschieden einzelner Merkmale beruhen, wobei die diagnostischen Eigenschaften, die zur Gruppenbildung führen, in einer gesamten Variationsbreite quantitativ und qualitativ abgestuft werden. Solche Übersichten entsprechen zwar oft durchaus dem gegenwärtigen Zustand einer infraspezifischen Mannigfaltigkeit, in der die genetische Durchmischung zu einer netzartigen Verknüpfung von Merkmalen geführt hat, doch kann eine solche systematische Übersicht letztlich nur unbefriedigend die Sippenstruktur zum Ausdruck bringen und enthält keinen unmittelbaren Informationswert für züchterische Aufgaben.

Völlig neue Möglichkeiten eröffnen sich mit der Ausnutzung der Elektronischen Datenverarbeitung zur Analyse der Sippenstruktur. Auf einige Aspekte, die sich aus eigenen Untersuchungen ergeben, möchten wir im folgenden eingehen und über laufende Arbeiten berichten. Ausgehend von der Erkenntnis, daß der Versuch einer genetischen Strukturaufklärung ein unmögliches Unterfangen ist, haben wir es uns zur Aufgabe gemacht, auf der Grundlage phänischer Merkmale unter Anwendung von Rechenoperationen der linearen Mehrfachregression (Korrelationen und Regressionen) Anhaltspunkte für Rückschlüsse auf die genetische Struktur zu gewinnen. Ein Vergleich der Korrelationswerte von Standardsorten und Landsorten gestattet eine Beurteilung des Zusammenhanges zwischen züchterischen Werteigenschaften und anderen Merkmalen bei einzelnen iranischen Weizen.

Unser Ausgangsmaterial ist eine Kollektion iranischer Weizen, die insgesamt 1218 Sippen umfaßt, weiterhin wurden in die Analyse Standardsorten als Vergleichsgrundlage einbezogen. Wir haben uns auf die Sammlung aus dem Iran konzentriert, da dieses Material aus einem Mannigfaltigkeitszentrum tetra- und hexaploider Weizen stammt, wo erfahrungsgemäß das Spektrum der Merkmalsunterschiede weit größer ist als innerhalb der mitteleuropäischen Landsorten. Verständlicherweise steht die Auffindung züchterisch wertvoller Sippen im Mittelpunkt unserer Aufgaben, doch soll gleichzeitig versucht werden, eine möglichst umfassende Übersicht von der Gesamtstruktur dieses Potentials zu bekommen.

Basisdaten für die Berechnungen lieferten qualitative und quantitative Merkmalsanalysen, wobei insgesamt 106 Merkmalskomplexe in die Untersuchungen einbezogen wurden. Uns lag daran, möglichst viele Merkmale zu erfassen, um festzustellen, welche Eigenschaften mit der Ertragsleistung korrelieren. Verständlicherweise werden die Ergebnisse umso aussagekräftiger sein, je mehr Merkmalskomplexe in die Berechnungen einbezogen werden. Wir waren bemüht, solche Charaktere zu erfassen, nach denen die Ertragsleistung einer Weizensippe züchterisch beurteilt wird. Als wesentliche Ertragseigenschaften gelten:

Gewicht der Ähre
Zahl der Körner pro Ähre
Gewicht der Körner pro Ähre
Tausendkornmasse (TKM)
Zahl der Ährchen pro Ähre
Zahl der fertilen Blüten pro Ährchen.

Daneben wurden Analysenergebnisse biochemischer Untersuchungen (Rohprotein, Lysin) in die Datensammlung einbezogen.

Weiterhin wurden möglichst viele Eigenschaften berücksichtigt, die von züchterischer Seite als ertragsbestimmend angesehen werden.

Von den Eigenschaften, die die Ertragsleistung bei Getreidesippen bestimmen, sei hier nur das Fahnenblatt erwähnt, dessen assimilierende Fläche im Anschluß an die Anthese als einziges Laubblatt aktiv ist. Es wird angenommen, daß die Spreite dieses Blattes zusammen mit der Blattscheide, dem letzten Sproßinternodium sowie innerhalb der Ähre mit den assimilierenden Anteilen der Spelzen über den Ertrag entscheidet. In der physiologischen Literatur gibt es hinreichend Anhaltspunkte, die Spreitenfläche allein auf Grund der Längen- und Breitenmaße zu bestimmen. Wir haben uns nicht nur auf eine metrische Erfassung der Assimilationsfläche beschränkt, sondern auch die blattanatomische Struktur analysiert und die Anzahl und Größe der Stomata auf der Ober- und Unterseite, die Blattdicke, den Anteil der einzelnen assimilierenden Schichten im Blatt und den Durchmesser der Palisadenzellen in die Datensammlung aufgenommen.

Außerdem fanden zahlreiche qualitative und quantitative Werte Berücksichtigung, von denen bisher eine Beziehung zur Ertragsleistung nicht bekannt ist. Allein zur Charakterisierung des Kornes haben wir 16 Merkmale untersucht. Über 600 000 Einzelwerte sind das Basismaterial für die Berechnungen.

Als Ergebnis der Korrelationsrechnungen werden vom Rechner Werte zwischen -1 bis 0 (bei negativer Korrelation) und 0 bis $+1$ (bei positiver Korrelation) ausgewiesen.

Liegt eine hohe Korrelation zwischen einem Ertragsmerkmal und einer anderen Eigenschaft vor, so wird ein enger Zusammenhang zum Ausdruck gebracht, der vor allem dann von züchterischem Interesse ist, wenn die Beziehungen dieser Merkmale noch enger als bei den derzeitigen Hochzuchtsorten sind. Handelt es sich um ein ertragsbestimmendes Merkmal, das mit einer Ertragseigenschaft hoch korreliert ist, so besteht die Perspektive, durch gezielte Kreuzungen das ertragsbeeinflussende Merkmal zu fördern in der

Erwartung, damit auch die positive Wirkung auf den Ertrag adaequat zu steigern. Eine Aussicht zur praktischen Nutzung einer Korrelation besteht überall dort, wo das einfache Bestimmtheitsmaß (r^2) über 0,58 liegt. Voraussetzung ist jedoch, daß die einander in Beziehung gesetzten Eigenschaften unabhängig voneinander und normal verteilt sind.

Aus der Korrelationsberechnung resultieren jedoch keine Hinweise über ursächliche Zusammenhänge. Die ausgewiesenen engen Beziehungen können genetisch bedingt sein, sie können aber auch – da nur phänetische Merkmale in die Datensammlung eingeführt wurden – modifikativ bedingt sein, ferner ist in Betracht zu ziehen, daß ein enger Zusammenhang Ausdruck einer Einwirkung eines Genes auf beide miteinander korrelierten Eigenschaften ist. Nähere Aufschlüsse darüber müssen Heritabilitätsberechnungen und zweckentsprechende Kreuzungen erbringen.

Aus einer Gegenüberstellung des „Korrelationsmusters" einzelner Hochzuchtsorten und Landsorten aus dem Iran ergeben sich wertvolle Hinweise über die besondere Struktur einer Sippe. Nicht selten lassen sich unterschiedliche Korrelationshäufigkeiten und verschiedene Korrelationsverteilungen nachweisen. Für züchterische Entwicklungsarbeiten haben enge Zusammenhänge zwischen Ertragsmerkmalen und anderen Eigenschaften überall dort einen besonderen Wert, wo bei Hochzuchtsorten kein Zusammenhang zwischen denselben Eigenschaften nachgewiesen werden kann (sogenannte „Ausreißer"). Sowohl zur züchterischen Nutzanwendung als auch zur Kennzeichnung des Phänotyps ergeben sich weitere Aufschlüsse über die Beziehungen zwischen Ertragseigenschaften, ertragsbestimmenden Komponenten und – nach gegenwärtigen Vorstellungen für die Ertragsbildung – indifferenten Merkmalen durch die Berechnungen der multiplen Korrelation und der partiellen Regression. Dabei wird die Straffheit des Zusammenhanges zwischen einzelnen Ertragseigenschaften (Zielgröße) und den anderen Merkmalen (Einflußgrößen) sowie der Zusammenhang einzelner Einflußgrößen mit allen anderen Einflußgrößen ausgewiesen.

Die angedeuteten Rechenoperationen werden auch angewandt, um die Zusammenhänge der Merkmale über alle Sippen auszuweisen. Damit können allgemeine Gesetzmäßigkeiten innerhalb der Kollektion iranischer Weizen erfaßt werden.

In unseren ersten Ergebnissen zeichnet sich ab, daß bei mehreren iranischen Weizen zwischen Ertragseigenschaften und den Werten von Länge, Breite und Flächeninhalt des vorletzten Laubblattes ein bedeutend engerer Zusammenhang besteht als zu den entsprechenden Maßen des Fahnenblattes, das bei den meisten Hochzuchtsorten enge Beziehungen zu Ertragsmerkmalen aufweist. Bei iranischen Weizen lassen sich eine Anzahl Korrelationen zwischen dem Ertragskomplex und anderen Eigenschaften nachweisen, die bei Hochzuchtsorten nicht ausgeprägt sind.

Eingangs wurde auf die Schwierigkeiten hingewiesen, denen sich der Taxonom gegenübergestellt sieht, wenn er die infraspezifische Mannigfaltigkeit einer formenreichen Kulturpflanzenart zu gliedern versucht. Die Basisdaten für die Korrelationsanalysen sind zugleich die Grundlage für die Anwendung numerischer Methoden zur Gruppenbildung innerhalb der iranischen Weizen.

Anschrift der Verfasser: Professor Dr. S. DANERT †; Dr. J. SCHULTZE-MOTEL, Akademie der Wissenschaften der DDR, Institut für Genetik und Kulturpflanzenforschung, 4325 Gatersleben, Corrensstraße 3. DDR.

Aus dem Zentralinstitut für Genetik und Kulturpflanzenforschung Gatersleben der Akademie der Wissenschaften der DDR

Fragen der infraspezifischen Gliederung von Kulturpflanzen

(Kurzfassung)

PETER HANELT

In diesem als Korreferat zu dem vorangegangenen Beitrag gedachtem Aufsatz können nur zwei Probleme der „Widerspiegelung der Binnenstruktur" von Kulturpflanzen-Spezies behandelt werden, die sich aus der besonderen Formenfülle vor allem wirtschaftlich bedeutender Kulturpflanzen ergeben.

1. Problem der infraspezifischen taxonomischen Kategorien von Kulturpflanzen-Taxa

Die Anerkennung der Kulturpflanzen als qualitativ besondere Erscheinungsform evolutionistischer Prozesse hat dazu geführt, daß von manchen Forschern (MANSFELD, JIRÁSEK u. a.) kulturpflanzen-spezifische taxonomische Kategorien gefordert wurden. Dabei handelt es sich nicht um die Einführung zusätzlicher, wegen der ausgeprägten Variabilität erforderlichen Rangstufen, sondern um den Ersatz von den in der Wildpflanzen-Systematik üblichen durch nur für Kulturpflanzen gültige Kategorien (z. B. um den Ersatz von taxon, species, subspecies, varietas durch taxonoid, specioid, subspecioid, provarietas usw.). Die Gründe, die zu dieser getrennten taxonomischen Behandlung von Kulturpflanzen berechtigen sollen, sind vor einigen Jahren durch JEFFREY zusammengefaßt worden. Sie beziehen sich auf die abweichenden Populationsstrukturen und Zusammensetzung von Kulturpflanzen-Beständen, auf das Fehlen „natürlicher" Areale von Kulturpflanzensippen und ihre Abhängigkeit im Vorkommen und ihren Standortbedingungen vom Menschen, auf den bei der Kulturpflanzen-Evolution ± weitgehenden Ersatz der natürlichen durch die vom Menschen bewußt oder unbewußt gesteuerte künstliche Selektion, auf den Abbau von Isolationsmechanismen zwischen verschiedenen Kulturpflanzensippen durch den Anbau, auf die besondere Bedeutung von Hybridisation, Introgression und paralleler Variation bei der Entstehung der Variabilität von Kulturpflanzen und schließlich auf die Tatsache, daß durch den Verlust der natürlichen Verbreitungsmittel viele Kulturpflanzentaxa ihre Existenz nur dem Anbau des Menschen verdanken, während sie in der natürlichen Vegetation bald ausgemerzt sein würden.

Eine kritische Betrachtung aller dieser Fakten führt jedoch zu dem Schluß, daß die Kulturpflanzen zwar einen Spezialfall abstammungsgeschichtlicher Prozesse darstellen, aber durchaus kein exzeptionelles Phänomen repräsentieren. Für viele Kulturpflanzen treffen die von JEFFREY angeführten, von

Wildpflanzen abweichenden Verhaltensmuster nicht zu, andere gelten gleichermaßen auch für Segetal- und Ruderalpflanzen bzw. überhaupt für viele Wildpflanzen oder sind für die Taxonomie der Kulturpflanzen im Prinzip ohne Relevanz. Daraus ergibt sich, daß wir nicht berechtigt sind, für Kulturpflanzen spezifische Klassifikationsverfahren oder -schemata zu akzeptieren. Somit entfällt auch die Notwendigkeit zur Einführung kulturpflanzeneigener Kategorien im spezifischen und infraspezifischen Bereich. Für die Rangstufe der Art sind die Prinzipien des sogenannten biologischen Artbegriffs, wie sie auch zur Art-Abgrenzung bei Wildpflanzen benutzt werden, anwendbar.

2. Taxonomische Darstellung der infraspezifischen Mannigfaltigkeit von Kulturpflanzen

Die Taxonomie der Kulturpflanzen hat sich auch im infraspezifischen Bereich mit den zwei grundlegenden Aspekten jeder taxonomischen Arbeit auseinanderzusetzen: Der auf Merkmalsübereinstimmung beruhenden übersichtlichen Ordnung der Mannigfaltigkeit sowie der Abbildung evolutionistischer Prozesse. Der häufige Genaustausch zwischen den Formen einer Kulturpflanzenrat und die Vermischungen lakoler und regionaler Gen-pools resultieren in einer ausgeprägten retikulaten Merkmalsverknüpfung, die eine formal-taxonomische Widerspiegelung entwicklungsgeschichtlicher Abläufe außerordentlich erschwert, diese sind oft nur in informaler Weise (merkmalsgeschichtliche Betrachtungen, Abgliederung informaler Rassen innerhalb einer Art) möglich.

Dem ersten der genannten Aspekte, der übersichtlichen Darstellung eines infraspezifischen Formenreichtums, hat man vielfach mit der Aufstellung künstlicher, sogenannter morphologischer Systeme gerecht zu werden versucht. Derartige Systeme vermitteln nur eine Übersicht der auftretenden Kombinationen einiger (meist weniger) Merkmale, deren Auswahl in erster Linie im Hinblick auf leichte Diagnostizierbarkeit erfolgt. Es sind viele andere Merkmalsselektionen denkbar, die jeweils zu unterschiedlichen morphologischen Systemen einer Art führen könnten. Die Untersuchung einiger vorliegender solcher Klassifikationen von Getreide- und Leguminosen-Arten zeigte, daß ihr Wert als Speicher taxonomischer Informationen gering ist. Es wird deshalb für formenreiche, insbesondere allogame Kulturpflanzenarten eine informale tabellarische Erfassung der Merkmalsvariabilität und der auftretenden Merkmalskombinationen vorgeschlagen; dieses Verfahren wird an Hand einer Merkmalstabelle für die Ackerbohne, *Vicia faba* L., erläutert. Vorteile einer derartigen informalen Darstellungsform sind: 1. Möglichkeit der Berücksichtigung vieler Merkmale; 2. leichte Erweiterungsfähigkeit auf bisher nicht herangezogene Merkmale oder neues Untersuchungsmaterial; 3. Wegfall der Beschränkung auf leicht zu diagnostizierende Merkmale, daher Möglichkeit zur Berücksichtigung quantitativer usw. Merkmale; daraus resultiert 4. die höhere Relevanz dieser Form der Darstellung einer infraspezifischen Variabilität für züchterische Belange; 5. Wegfall der Belastung durch Nomenklaturprobleme.

Durch derartige tabellarische Schemata läßt sich der Formenreichtum variabler Kulturarten faßlich wiedergeben; allerdings sind damit ebenso wenig wie mit Hilfe der genannten formalen morphologischen Systeme pflanzengeographische oder abstammungsgeschichtliche Aussagen möglich.

Eine ausführliche Behandlung der hier angeschnittenen Probleme ist in folgenden Veröffentlichungen vorgenommen worden:

HANELT, P., Die infraspezifische Variabilität von *Vicia faba* L. und ihre Gliederung. Kulturpflanze, *20*, 75–128 (1972).

HANELT, P., & FOUQUET, B., Merkmalsvariabilität bei *Vicia faba* L. I, II. Kulturpflanze, *21*, 55–60 (1973).

Anschrift des Verfassers: Dr. PETER HANELT, Akademie der Wissenschaften der DDR, Zentralinstitut für Genetik und Kulturpflanzenforschung, 4325 Gatersleben, Corrensstraße 3. DDR.

Diskussion

VENT, Berlin

Hier wurde das Problem der Systematisierung einerseits und der Speicherung von Informationen andererseits erwähnt, ein außerordentlich interessantes Problem von weitreichender Bedeutung, das unterschwellig und ohne besondere Hervorhebung in einigen Vorträgen anklang. Es erscheint mir aber doch wesentlich, daß wir diese Problematik unter dem Aspekt der Informationsspeicherung etwas beleuchten. Jeder von uns ist bei seiner Arbeit mit einer sehr starken Anreicherung von Information über Pflanzensippen konfrontiert, die u. a. auch durch die Anwendung neuer Methoden zustande gekommen ist. Diese Informationen erweitern die Kenntnisse über Genese, Struktur und Dynamik bestimmter Pflanzensippen und sind Grundlage für ihre kategoriale und verwandtschaftliche Einstufung. Das hierarchische Kategoriengefüge und die Darstellung der verwandtschaftlichen Beziehungen der Taxa im Rahmen des Pflanzensystems sind wichtige Mittel zur Überschaubarmachung der Mannigfaltigkeit der Pflanzenwelt, aber sie sind keine idealen Informationsspeicher. Auf diesen Sachverhalt habe ich schon 1967 einmal hingewiesen. Für die Speicherung bzw. überschaubare Darstellung von Informationen gibt es eine Reihe von Möglichkeiten im extrakategorialen Bereich, wie Beschreibungen, Abbildungen, Merkmalstabellen, Diagramme, Modelle u. ä. Sie heben die Beziehungen zwischen Pflanzensippen hervor, unter denen die evolutionären, die bedeutendsten sind. Gleichzeitig erfüllen sie vielseitige Forderungen der Praxis im weitesten Sinne, für die sie allerdings jeweils nach besonderen Gesichtspunkten aufbereitet sein sollten.

RÄNDEL, Berlin

Im Referat von Herrn Dr. HANELT werden Kulturpflanzen mit den Wildpflanzen verglichen. Unter anderem wird gesagt, daß sowohl bei Kulturpflanzen als auch bei den Segetal- und Ruderalpflanzen deren Besiedlung eines Areales durch den Menschen ermöglicht wird. Besteht nicht ein Unterschied darin, daß Segetal- und Ruderalpflanzen, also Wildpflanzen schlechthin, ohne Zutun des Menschen existieren können, während es meines Wissens Kulturpflanzen gibt, die ohne Zutun des Menschen in einer natürlichen Population nicht konkurrenzfähig sind?

Bei der taxonomischen Behandlung der Kulturpflanzen soll von dem bei Wildpflanzen üblichen taxonomischen Schema nicht abgewichen werden. Wohin müssen dann Kulturpflanzensorten gestellt werden und welche Kriterien gibt es für diese Kategorie?

Was versteht man unter dem Begriff Kultivar?

HANELT, Gatersleben

Das muß ein Mißverständnis sein, um Gotteswillen werde ich mich nicht gegen den internationalen Code der Nomenklatur auflehnen, in dem die Kategorie der Kultivare ja sanktioniert ist. Was auf lateinisch Kultivar ist, das ist zu deutsch Sorte, auf englisch variety oder sort auf russisch und das ist im offiziellen formalen Kategoriengefüge der Kulturpflanzen die unterste Einheit. Die ist also völlig sanktioniert und an deren realer Existenz und deren praktischer Notwendigkeit wird weder von den Taxonomen noch angewandten Botanikern gezweifelt und die ordnen wir einfach und die ist eben im Zuge der Erfassung in vielen Fällen der wesentlich größeren infraspezifischen Formmannigfaltigkeit von Kulturpflanzen gegenüber Wildsippen einfach notwendig. Und die erste Frage, was die Unkräuter oder Segetalarten anbetrifft mit oder ohne Zutun des Menschen, möchte ich bloß auf die ganz extremen Fälle der Leinunkräuter hinweisen, die ja zweifelsohne ein indirektes Produkt der menschlichen Ackerbaukultur sind, sich in Anpassung an das Leben in den Leinfeldern herausgebildet haben, ganz eng in ihrem Vorkommen beschränkt eben nur auf den Leinanbau sind und bei denen man durchaus sagen muß, daß die Existenz dieser Arten, z. B. Silene-Arten, auch ein unmittelbares Produkt der menschlichen Kultur darstellt. Und von diesem extremen Fall zu mehr oder weniger unabhängig existierenden Unkrautarten gibt es wiederum natürlich auch alle möglichen Übergänge.

BENKERT, Berlin

Ich möchte hier mal eine physiologische Fragestellung ansprechen, und zwar betrifft sie den Vortrag von Herrn Professor DANERT, das Beispiel dort an der Tafel. Mich wundert eigentlich nicht, daß nicht nur das Fahnenblatt, sondern auch das nächstfolgende Laubblatt Bedeutung hat für die Ausbildung des Korngewichtes, mich wundert eigentlich viel eher, daß die ganze übrige Blattmasse dann nicht mit von Bedeutung sein soll und in diese Korrelation nicht eingeht, auch wenn sie zur Zeit der Körnerreife nicht mehr aktiv ist. Ist es nicht so, daß letztlich doch auch die übrige Laubmasse von Bedeutung ist vermittels der Sproßachse und vielleicht des Wurzelsystems. Und darf man wirklich hier die Zusammenhänge so einengen, daß man nur die Beziehung zwischen diesem letzten oder auch dem vorletzten Laubblatt und dem Körnergewicht herzustellen versucht? Oder aber sehe ich die Fragestellung insofern falsch, als zwischen diesen beiden Blättern und der übrigen Laubmasse seinerseits eine so enge Korrelation besteht, daß man eben diese letztere vernachlässigen kann?

DANERT †, Gatersleben
Die gesamte Assimilationsfläche ist für den Ertrag verantwortlich zu machen. Doch aus technischen Gründen ist es nicht möglich, bei allen Sippen an jeder Pflanze zu Beginn des Schossens einzelne Halme zu kennzeichnen und sukzessive die Untersuchungen vorzunehmen. – Das junge Korn füllt sich erst nach der Anthese mit Reservestoffen, zu diesem Zeitraum ist von den Laubblättern nur das Fahnenblatt noch assimilatorisch aktiv.

KLOTZ, Jena
Daß nur die obersten Blätter bei den Berechnungen berücksichtigt werden, ist durchaus gerechtfertigt, denn sie bleiben am längsten funktionsfähig. Während die unteren Blätter am Halm zur Zeit der Kornbildung längst abgestorben sind, assimilieren die obersten Blätter noch, werden also bei der Endospermbildung voll wirksam. Sie haben demnach für die Kornbildung unmittelbare Bedeutung. Das schließt natürlich die Bedeutung der anderen Blattorgane für den Gesamtertrag nicht aus.

Sektion Biologie der Ernst-Moritz-Arndt-Universität Greifswald

Die Gattungs- und Artkonzeption bei Großpilzen

HANNS KREISEL

Die Interessen der taxonomischen und der experimentellen Mykologie berühren sich heute auf vielen Gebieten, wobei sowohl die Frage eines natürlichen Systems als auch die Artkonzeption in die Problematik einbezogen sind. Unter derartigen Aspekten wurde die Artkonzeption auf dem internationalen Symposium „Das Art- und Rassenproblem bei Pilzen" in Wernigerode (1967) beleuchtet. Damals standen im Mittelpunkt des Interesses solche Pilzgruppen, die adaptiv morphologisch sehr vereinfacht sind, wie Hefen, Pflanzenparasiten und Dermatophyten. Über das Artproblem bei Großpilzen wurde damals wenig ausgesagt; deshalb möchte ich hier nachträglich die aktuelle Situation in der Taxonomie der Großpilze darstellen.

Es fällt auf, daß Fragen der Familien- und Gattungskonzeption bei Großpilzen heute viel mehr diskutiert werden als das Artproblem. Die Mykologie befindet sich noch in einem Prozeß des Umbruches des alten, künstlichen Systems von FRIES – welches auf nur wenige Merkmale wie Form des Hymenophors und Farbe des Sporenstaubes gegründet war – zu einem natürlichen System, welches die Gesamtheit der verfügbaren Merkmale berücksichtigt, insbesondere auch anatomische, entwicklungsgeschichtliche und chemische Merkmale.

Heute steht also ein wesentlich größerer Merkmalskomplex zur Verfügung; dadurch haben sich die Proportionen in der Einschätzung des taxonomischen Wertes bestimmter Merkmale verschoben. Die Folge ist eine weitgehende Aufspaltung der alten Familien und Gattungen in immer enger gefaßte, oft monotypische Einheiten. Typisch für diesen Prozeß sind die Systemvorschläge von SINGER (1949) und HORAK (1968) für die Blätterpilze, CORNER (1950, 1970) für die Korallenpilze, DONK (1964) für die Nichtblätterpilze, PARMASTO (1968) für die Corticiaceae s. l. und ECKBLAD (1968) für die operkulaten Diskomyzeten.

KOTLABA (1964) hat diese Entwicklung historisch aufgezeigt und ihre Notwendigkeit begründet. Gleichzeitig weist er auf synthetische Tendenzen hin: auch die moderne Systematik behält artenreiche Genera im traditionellen Umfange bei, wenn diese hinreichend natürlich definiert waren (z. B. *Lactarius, Russula)*, in manchen Fällen wurden sogar Gattungen im Umfang erweitert, wenn die bisher geltenden Differenzierungsmerkmale als unwesentlich eingeschätzt wurden (SINGER 1949: *Rhodophyllus*, *Psathyrella*; MOSER

1967: *Cortinarius*; POUZAR 1966: *Rigidoporus;* DISSING 1966: *Helvella;* ECKBLAD 1968: *Discina*). Weitere Zusammenlegungen von Gattungen sind zu erwarten bei den Porlingen (z. B. *Daedalea* mit *Gloeophyllum*) und Pilzblumen (z. B. *Phallus* mit *Dictyophora*), und in Zukunft werden sich die synthetischen Tendenzen sicher noch verstärken. Es handelt sich also um eine grundsätzliche Umgestaltung des Systems, keineswegs um ein Nur-Aufsplittern um seiner selbst willen.

An einem mehr künstlichen, praktizistischen System mit Beibehaltung einer relativ weiten Gattungs- und Familienkonzeption halten gegenwärtig vor allem einige nordamerikanische Mykologen fest, so SMITH & SHAFFER (1964) und SMITH (1968) für die Blätterpilze, LOWE (1952/55) und OVERHOLTS (1953) für die Porlinge.

Die Mehrzahl der Mykologen ist sich indessen über die Notwendigkeit einer Aufspaltung und Umgruppierung einig. Über die konkreten Maßnahmen bestehen jedoch sehr unterschiedliche Auffassungen, und man tut gut daran, alle bisherigen Systemvorschläge nur als Diskussionsbeiträge und nicht als endgültig aufzufassen.

Fast alle neueren Monographien legen einen engen Artbegriff zu Grunde, zu welchem sich auch Vertreter einer weiten Gattungs- und Familienkonzeption wie SMITH (1968) bekennen.

Infraspezifische Taxa, die auf eine Binnenstruktur der Art hinweisen, sind in der Literatur über Großpilze relativ selten. Häufig wurden frühere Varietäten oder Subspezies in den Rang von Arten erhoben, nachdem zusätzliche Merkmale, Selbständigkeit der Areale und unterschiedliche Ökologie demonstriert werden konnten. Das ist z. B. der Fall in den Gattungen *Phallus* (wo ULBRICH 1932 noch die Existenz ökologischer Rassen annahm), *Scleroderma, Leccinum* und *Boletus* (viele in diesen Gattungen von VASIL'KOV 1956 a, 1956 b, 1966 als Varietäten und Formen eingestufte Taxa werden heute als Arten anerkannt), *Phellinus, Hirschioporus* und *Ischnoderma,* wo die neuen Bearbeitungen durch JAHN (1966), MACRAE (1967) und POUZAR (1971) den Unterschied gegenüber PILÁT (1936 ff.) deutlich machen.

Andererseits zeigte sich vielmals, daß früher anerkannte Varietäten und Formen auf Merkmale gegründet waren, die durch Umwelteinflüsse oder Zufälligkeiten bedingt sind. Derartige „infraspezifische Taxa" konnten also mit zunehmender Kenntnis der Variationsbreite, des Reaktionsvermögens einer Art auf wechselnde Umweltbedingungen (vgl. KOTLABA 1961) gestrichen werden.

Gegenwärtig werden infraspezifische Taxa bei Großpilzen besonders in folgenden Fällen verwendet oder anerkannt:

1. Wo einander nahestehende Sippen sich geographisch oder ökologisch ausschließen, wird bei gleichzeitiger morphologischer Differenzierung der Rang Subspezies angewandt: so SINGER (1965/67) bei *Phylloporus rhodoxanthus, Suillus granulatus* und *Boletus edulis.*

2. Wo offenbar mutative Abweichungen in einem einzigen Merkmal (z. B.

Farbstoff, Sporengröße, Sporenzahl je Basidie, Geruchskomponenten) auftreten, bei Übereinstimmung in Areal und Ökologie, werden die Kategorien Form oder Varietät angewandt: so KÜHNER & ROMAGNESI (1953) bei Blätterpilzen.

3. Wo Sippen beschrieben werden, deren taxonomischer Wert auf Grund unzureichender Kenntnis nicht eingeschätzt werden kann, werden gleichfalls häufig die Kategorien Form oder Varietät angewandt: so MAAS GEESTERANUS (1959) bei *Hydnum*, BRESINSKY & STANGL (1961) bei *Morchella*, SINGER (1967) bei *Laccaria*, DOMAŃSKI & al. (1967) bei Porlingen. In diesem dritten, weitaus häufigsten Fall handelt es sich also um reine Verlegenheitslösungen von durchaus provisorischem Charakter.

Es scheint also, daß die Art bei Großpilzen eng gefaßt werden muß und in den meisten Fällen keine Binnenstruktur aufweist. Auf welche Erfahrungen und Kriterien gründet sich diese Konzeption?

1. Genetisches Kriterium. In allen Fällen, in denen die heutige enge Artkonzeption bei Großpilzen genetisch nachgeprüft wurde, ergab sich völlige Intersterilität zwischen den Arten, so bei *Coprinus* (LANGE 1952), *Pycnoporus* (NOBLES & FREW 1962), *Hirschioporus* (MACRAE 1967), *Pleurotus* (ANDERSON & al. 1973) und *Morchella* (BRESINSKY & al. 1972). Überhaupt konnte die Existenz von zwischenartlichen Hybriden bei Großpilzen bisher nicht nachgewiesen werden.

Darüber hinaus gibt es eine genetische Sonderung im infraspezifischen Bereich. Sie wurde von FRIES (1940, 1942) bei *Cyathus* und *Crucibulum* nachgewiesen; die geographische Trennung der Allele wurde von ihm auf Zoochorie zurückgeführt, und die entsprechenden (morphologisch nicht faßbaren) Sippen wurden als geographische Rassen bezeichnet, jedoch nomenklatorisch nicht behandelt.

2. Chorologisches Kriterium. Sehr kleine Splittergattungen oder natürliche Artengruppen (Serien) sind chronologisch oft so gegliedert, daß die Sippen zu vikariieren scheinen. *Fomes s. str.* und *Pycnoporus* gliedern sich jeweils in eine holarktische, neotropische und paläotropische Art, doch kommen Überschneidungen der Areale vor; ähnlich sind die Verhältnisse bei *Lenzites* (KOTLABA 1965). Bei *Bovista, Morganella* und *Lycoperdon* gliedern sich Serien oft in Ketten vikariierender Areale, doch kommen auch weitgehende Überlappungen der Areale vor, welche die Selbständigkeit der Arten beweisen (KREISEL 1967, KREISEL & DRING 1967, DEMOULIN 1971). Auf amphizonale Vikarianz bei Blätterpilzen hat SCHÄRER-BIDER (1950) hingewiesen, auf holarktisch-neotropische Vikarianz bei Clavariaceae hat CORNER (1950, p. 30), auf ebensolche bei holzzerstörenden Pilzen KREISEL (1971) hingewiesen.

Da die Areale in jedem Falle nur unvollständig bekannt sind und ständig mit überraschenden Nachweisen gerechnet werden muß, sollte aus Vikarianz nicht vorzeitig auf die Existenz geographischer Rassen (Subspezies) geschlossen werden, zumal wenn Interfertilität nicht nachgewiesen werden kann, wie im Falle von *Pycnoporus*.

3. Ökologisches Kriterium. Ökologische Ansprüche als Artkriterien spielen bei Großpilzen eine wichtige Rolle, wobei die Bindung der Großpilze an bestimmte Substrate, Wirtspflanzen oder Mykorrhizapartner viel eindeutiger ist als die Bindung an Pflanzengesellschaften (KREISEL 1957). Im Zusammenhang mit morphologischen Merkmalen sind ökologische Kriterien sehr nützlich, aber allein reichen sie zur Charakterisierung der Arten nicht aus (VASIL'KOV 1958).

Konstante Bindungen an bestimmte Baumgattungen existieren bei Mykorrhizapilzen (so bei *Leccinum, Russula, Lactarius, Gomphidius, Hebeloma* und *Tricholoma*), bei holzzerstörenden Pilzen (in den Gattungen *Fistulina, Oudemansiella, Piptoporus, Buglossoporus, Xylobolus, Sarcodontia* u. a.), bei frucht- und zapfenbewohnenden Pilzen (Gattungen *Strobilurus, Ciboria, Monilinia, Piceomphale* u. a.); Bindung an bestimmte Moosgattungen kommt vor bei *Leptoglossum, Galerina, Hypholoma* u. a.

Nicht minder zahlreich aber sind die Fälle, in denen das Wirtsspektrum breit ist oder regional wechselt, wofür einige Beispiele angeführt seien. Mykorrhiza: *Amanita phalloides* und *Tricholoma sulphureum* wachsen im Flach- und Hügelland Mitteleuropas nur in Verbindung mit Fagazeen, in höheren Gebirgslagen auch unter *Picea*. Holzbewohner: *Ganoderma lucidum* wächst in der Mitteleuropäischen Tiefebene vorzugsweise an *Alnus* und *Betula*, in den südlichen Bezirken der DDR hingegen ist *Quercus*, im Rheinland *Fagus* und in Ostbulgarien *Populus* der bevorzugte Wirt. *Laricifomes officinalis* kommt in Eurasien ausschließlich an *Larix*, in Nordamerika auch an anderen Koniferen vor (weitere Beispiele bei KREISEL 1961). Zapfenbewohner: *Auriscalpium vulgare* wächst in Mitteleuropa ausschließlich an *Pinus*-Zapfen, in Osteuropa auch auf *Picea* und *Larix*.

Ob diese leider noch wenig ausgearbeiteten Fakten auf die Existenz ökologischer Rassen schließen lassen oder auf die unterschiedlichen Infektionsbedingungen bei wechselnden Klima- und Standortverhältnissen zurückzuführen sind, konnte bisher nicht geklärt werden. Eine Korrelation mit morphologischen Merkmalen wurde in keinem der genannten Fälle aufgezeigt.

4. Chemische Merkmale. Ihre Anwendung ist so alt wie die Taxonomie der Pilze überhaupt, denn Merkmale wie Farbe, Geruch, Geschmack wurden schon immer als Kriterien herangezogen. Allerdings sind dies unscharf definierte Merkmale, die oft auf Stoffgemische zurückgehen, oder deren stoffliche Grundlage bis heute unbekannt ist; so können wir bisher nicht die für den „Mehlgeruch“, die „xanthochroische Reaktion“ und andere empirisch gefundene Merkmale verantwortlichen Stoffe chemisch definieren. In einigen Pilzgruppen ist die Analyse der Farbstoffe erfreulich weit fortgeschritten, z. B. Pulvinsäuren der Boletales (BRESINSKY & ORENDI 1970, welche damit die morphologische Gruppierung von KREISEL 1969 bestätigen), Anthrachinone bei *Dermocybe* (GRUBER 1970), Karotinoide der Phallales.

Die Peroxidasen, eine Gruppe von Exoenzymen, wurden von LYR (1956) bei holzzerstörenden Hymenomyzeten geprüft. Sie scheinen teils gattungs-, teils familienspezifisch zu sein; so wurde die 1948 von DONK aufgestellte Familie Hymenochaetaceae durch das Vorkommen der Tyrosinase bei sämtlichen geprüften Vertretern chemotaxonomisch bestätigt.

Die Amyloidität der Sporen wurde in jüngster Zeit häufig als entscheidendes Gattungs- oder sogar Familienmerkmal herangezogen, dabei aber sicherlich in ihrem taxonomischen Wert überschätzt. Es ist erwiesen, daß in so natürlich gefaßten Gattungen wie *Amanita, Cystoderma, Dermoloma, Albatrellus* jeweils Arten mit amyloiden und nicht-amyloiden Sporen nebeneinander vorkommen, so daß dieses Merkmal eher als Artkriterium geeignet ist.

Insgesamt muß zur Vorsicht bei der Anwendung chemischer Merkmale geraten werden, insofern als sie relativ leicht durch Mutation abändern (LYR 1961), andererseits ihre Verbreitung und Konstanz meist nur stichprobenartig bekannt sind. Die Konstanz bzw. Mutationshäufigkeit kann je nach der Gattung verschieden sein: Jeder Mykologe kennt die weißhütigen Mutanten bei *Amanita* und *Russula;* in anderen Pilzgattungen treten solche viel seltener auf.

5. Morphologische Merkmale. Sie sind nach wie vor die wichtigsten Kriterien in der Taxonomie der Großpilze, da sie am schnellsten und billigsten an einer großen Anzahl von Individuen überprüft werden können, ihre Konstanz und Variabilität also am sichersten einzuschätzen ist. Ihre Anwendung ist also ökonomisch und bewahrt vor der Gefahr von Extrapolationen.

Das Spektrum der morphologischen Merkmale ist noch keineswegs ausgeschöpft. Durch die Hyphenanalyse, die Analyse der Tramastruktur, -textur und -schichtung, der Deckschichten und Peridien, die Differenzierung der Zystidentypen, die Beobachtung der Schnallen, die Lokalisierung der Pigmente u. v. a. wurden in den letzten Jahrzehnten ständig neue morphologische Kriterien gewonnen, die ganz wesentlich zur Sicherheit der Artdiagnostik beigetragen haben.

Trotz aller dieser Kriterien gibt es noch viele schwierige Gruppen oder Sammelarten, die bisher nicht befriedigend aufgelöst oder untergliedert werden konnten. Erstaunlicherweise gehören hierzu so bekannte und gewöhnliche Speisepilze wie *Boletus edulis, Cantharellus cibarius* und *Armillariella mellea.* Von diesen Arten ist offenbar zu viel Material in die Kochtöpfe und zu wenig auf den Arbeitstisch der Taxonomen gelangt!

Schließlich noch einige Bemerkungen zur Gesamtzahl der Arten. In Europa dominierte sehr lange die Auffassung, daß in den „klassischen" Werken von FRIES u. a. fast alle Arten erfaßt seien und dementsprechend bestimmt werden könnten. Dadurch kamen viele Fehlinterpretationen, Pseudonyme zustande. „Descriptions simply were not accurate enough to properly delimit the taxon" (SMITH 1968). Die wirkliche Artenzahl wurde, zum Schaden der Taxonomie, stark unterschätzt. Erst nach 1945 hat sich allmählich die Erkenntnis durchgesetzt, daß die Artenzahl in Europa namentlich bei den Agaricales, Boletales, Russulales und Tulasnellales weit höher ist als ur-

Tabelle 1

Anzahl der Arten einiger Taxa in Europa und Nordamerika; vorwiegend oder teilweise Ektomykorrhiza bildende Taxa

Taxon	Europa oder Teilgebiete		Nordamerika mit Großen Antillen, oder Teilgebiete	
Boletaceae (incl. Strobilomycetaceae)	69 67	MOSER 1967 WATLING 1970 (Großbritannien)	213	SMITH & THIERS 1971 (Michigan)
Suillus (incl. *Boletinus)*	22 13	MOSER 1967 und PANTIDOU & WATLING 1970 WATLING 1970 (Großbritannien)	48	SMITH & THIERS 1964
Leccinum	10 13	MOSER 1967 WATLING 1970 (Großbritannien)	47	SMITH, THIERS & WATLING 1966/67 (Michigan)
Amanita sect. *Lepidella*	6	BAS 1969	37	BAS 1969
Hygrophoraceae	106	MOSER 1967	244	HESLER & SMITH 1963
Rhizopogon	5	SVRČEK 1958	137	SMITH & ZELLER 1966

sprünglich angenommen, und floristische Regionen wie das Mediterrangebiet, Südosteuropa, die Hochgebirge und die Subarktis sind auch heute noch bei weitem nicht ausgeschöpft. Selbst in Mitteleuropa werden noch ständig neue Arten von Großpilzen entdeckt, besonders in seltenen oder extremen Pflanzengesellschaften.

Anders ist die Situation bei den Aphyllophorales und Gasteromyzeten: von diesen leicht konservierbaren Pilzen dürften die europäischen Vertreter jetzt im wesentlichen bekannt sein; zum Teil hat sich die Zahl der anerkannten Arten im Verhältnis zu den Monographien der 30er Jahre sogar verringert.

Ein großes Problem, und eine häufige Quelle von Fehlern, ist noch immer der Vergleich der europäischen mit den nordamerikanischen Arten. Zu wenige Mykologen hatten Gelegenheit, Frischmaterial von beiden Kontinenten zu sehen, und farbige Ikonographien der nordamerikanischen Pilze existieren, im Gegensatz zu Europa, noch kaum. Wie ein Vergleich der neuesten Monographien lehrt, ist die Anzahl der Arten bei

Tabelle 2
Anzahl der Arten einiger Taxa in Europa und Nordamerika; saprophytische Taxa

Taxon	Europa		Nordamerika m. Gr. Ant.	
Pholiota (incl. *Kuehneromyces*)	36	MOSER 1967	205	SMITH & HESLER 1968
Gymnopilus	15	MOSER 1967	73	HESLER 1969
„Polyporaceae" sensu lato, ohne „resupinate"	ca. 150	DOMANSKI & al. 1967	235	OVERHOLTS 1953
Thelephora	13	CORNER 1968	18	CORNER 1968
Calvatia (incl. *Langermannia*)	9	ŠMARDA 1958	32	ZELLER & SMITH 1964
Bovista	14	KREISEL 1967 und ULVINEN 1969	19	KREISEL 1967
Ascobolus	33	BRUMMELEN 1967	29	BRUMMELEN 1967
Saccobolus	11	BRUMMELEN 1967	11	BRUMMELEN 1967

Mykorrhizapilzen (Tabelle 1) wie auch bei holz- und z. T. bei bodenwohnenden Saprophyten (Tabelle 2) in Nordamerika weit höher als in Europa. Diese Zahlenverhältnisse dürften real sein. Die Ursachen hierfür sind in bekannten florengeschichtlichen Tatsachen zu suchen, d. h. in der stärkeren Dezimierung der europäischen Flora während des Pleistozäns. Eine Ausnahme bilden die häufig synanthrop verschleppten koprophilen Pilze, bei denen das Zahlenverhältnis ausgeglichen ist (Tabelle 2, *Ascobolus* und *Saccobolus*).

Literaturverzeichnis

ANDERSON, N. A., WANG, S. S. & SCHWANDT, J. W., The *Pleurotus ostreatus-sapidus* species complex. Mycologia, *65*, 28–35 (1973).

Anonymus, Das Art- und Rassenproblem bei Pilzen, Internationales Symposium. Biologische Gesellschaft in der DDR. Berlin, 1968.

BAS, C., Morphology and subdivision of *Amanita* and a monograph on its section *Lepidella*. Diss. Leiden, 1969.

BRESINSKY, A., GLASER, W., & STANGL, J., Untersuchungen zur Sippenstruktur der Morchellaceen. Ber. Bayer. Bot. Ges., *43*, 127–143 (1972).

BRESINSKY, A., & ORENDI, P., Chromatographische Analyse von Farbmerkmalen der Boletales und anderer Makromyzeten auf Dünnschichten. Z. Pilzk., *36*, 135–169 (1970).

BRESINSKY, A., & STANGL, J., Zur Artabgrenzung innerhalb der Gattung *Morchella.* Z. Pilzk., *27*, 102–110 (1961).

BRUMMELEN, J. VAN, A world-monograph of the genera *Ascobolus* and *Saccobolus* (Ascomycetes, Pezizales). Persoonia, suppl. vol. *1* (1967).

CORNER, E. H. J., A monograph of *Clavaria* and allied genera. Oxford Univ. Press, London, 1950.

CORNER, E. H. J., A monograph of *Thelephora* (Basidiomycetes). Nova Hedwigia, Beiheft *27*, 1–110 (1968).

CORNER, E. H. J., A supplement to „A monograph of *Clavaria* and allied genera". Nova Hedwigia, Beiheft *33*, 1–299 (1970).

DEMOULIN, V., Le genre *Lycoperdon* en Europe et en Amérique du Nord. Étude taxonomique et phytogeographique. Thesis. Liège, 1971.

DISSING, H., The genus *Helvella* in Europe, with special emphasis on the species found in norden. Dansk Bot. Arkiv, *25* (no. 1), 1–172 (1966).

DOMANSKI, S., ORŁOŚ, H., & SKIRGIEŁŁO, A., Grzyby (Mycota), tom *III*. Flora Polska, Warszawa, 1967.

DONK, M. A., A conspectus of the families of Aphyllophorales. Persoonia, *3*, 199–324 (1964).

ECKBLAD, F.-E., The genera of the operculate Discomycetes. A re-evaluation of their taxonomy, phylogeny and nomenclature. Nytt Mag. Bot., *15*, 1–191 (1968).

FRIES, N., Researches into the multipolar sexuality of *Cyathus striatus* PERS. Symb. Bot. Upsal., *4* (no. 1), 1–39 (1940).

–, Über das Vorkommen von geographischen Rassen bei Crucibulum *vulgare* TUL. Arch. Mikrobiol., *13*, 182–190 (1942).

GRUBER, I., Anthrachinonfarbstoffe in der Gattung *Dermocybe* und Versuch ihrer Auswertung für die Systematik. Z. Pilzk., *36*, 95–112 (1970).

HESLER, L. R., North American species of *Gymnopilus.* Mycologia, Mem. no. *3*, 1–117 (1969).

HESLER, L. R., & SMITH, A. H., North American species of *Hygrophorus.* Knoxville, 1963.

HORAK, E., Synopsis generum Agaricalium (Die Gattungstypen der Agaricales). Beitr. Kryptogamenfl. Schweiz, *13*, 1–741 (1968).

JAHN, H., Die resupinaten *Phellinus*-Arten in Mitteleuropa. Westfäl. Pilzbriefe, *6*, 37–124 (1967).

KOTLABA, F., Poznámky k morfologii plodnic chorošovitých hub (Polyporales). Česká Myk., *15*, 180–190 (1961).

KOTLABA, F., Bemerkungen zur Auffassung der Gattung bei den Makromyceten. Preslia, *36*, 329–336 (1964).

KOTLABA, F., *Lenzites betulina* (L. ex FR.) FR. – Lupeník březový. Česká Myk., *19*, 79–82 (1965).

KREISEL, H., Die Pilzflora des Darß und ihre Stellung in der Gesamtvegetation. Feddes Repert., Beiheft *137*, 110–183 (1957).

KREISEL, H., Die phytopathogenen Großpilze Deutschlands. Jena, 1961.

KREISEL, H., Taxonomisch-pflanzengeographische Monographie der Gattung Bovista. Nova Hedwigia, Beiheft *25*, 1–244 (1967).

KREISEL, H., Grundzüge eines natürlichen Systems der Pilze. Jena, 1969.
KREISEL, H., Charakteristika der Pilzflora Kubas. Biol. Rundschau, *9*, 65–73 (1971).
KREISEL, H., & DRING, D. M., An emendation of the genus *Morganella* ZELLER (Lycoperdaceae). Feddes Repert., *74*, 109–122 (1967).
KÜHNER, R., & ROMAGNESI, H., Flore analytique des champignons supérieurs. Paris, 1953.
LANGE, M., Species concept in the genus *Coprinus*. A study on the significance of intersterility. Dansk Bot. Arkiv, *14* (no. 6), 1–164 (1952).
LOWE, J. L., Perennial polypores of North America, I–III. Mycologia, *44*, 228–238 (1952); *46*, 488–497 (1954); *47*, 213–224 (1955).
LYR, H., Untersuchungen über die Peroxydasen höherer Pilze. Planta, *48*, 239–265 (1956).
LYR, H., Die Bedeutung biochemischer und physiologischer Merkmale für die Artdifferenzierung. Z. Pilzk., *27*, 78–82 (1961).
MAAS GEESTERANUS, R. A., The stipitate Hydnums of the Netherlands – IV. Persoonia, *1*, 115–147 (1959).
MACRAE, R., Pairing incompatibility and other distinctions among *Hirschiporus (Polyporus) abietinus, H. fusco-violaceus,* and *H. laricinus*. Canad. J. Bot., *45*, 1371–1398 (1967).
MOSER, M., Die Röhrlinge und Blätterpilze (Agaricales). Kleine Kryptogamenflora, Bd. *II b/2*. Stuttgart und Jena, 1967.
NOBLES, M. K., & FREW, B. P., Studies in wood-inhabiting Hymenomycetes. V. The genus *Pycnoporus* KARST. Canad. J. Bot., *40*, 897–1016 (1962).
OVERHOLTS, L. O., The Polyporaceae of the United States, Alaska and Canada. Ann Arbor, 1953.
PANTIDOU, M., & WATLING, R., A contribution to the study of the Boletaceae – Suilloideae. Notes Roy. Bot. Garden Edinburgh, 30, 207–237 (1970).
PARMASTO, E., Conspectus systematicus Corticiacearum. Tartu, 1968.
PILÁT, A., Polyporaceae. Atlas des champignons d'Europe, tom III. Prague, 1936 ff.
POUZAR, Z., Studies in the taxonomy of Polypores, II. Folia Geobot. Phytotax., *1*, 356–375 (1966).
POUZAR, Z., Notes on taxonomy and nomenclature of *Ischnoderma resinosum* (FR.) P. KARST. and *I. benzoinum* (WAHLENB.) P. KARST. Česká Myk., *25*, 15–21 (1971).
SCHÄRER-BIDER, W., Interkontinentale und bipolare Pflanzenverbreitung. Schweiz. Z. Pilzk., *32*, 69–72 (1951).
SINGER, R., The Agaricales (mushrooms) in modern taxonomy. Lilloa, *22*, 1–832 (1949).
SINGER, R., Die Röhrlinge. Die Pilze Mitteleuropas, Bd. *V/VI*. Bad Heilbrunn, 1965 und 1967.
SINGER, R., Notes sur le genre *Laccaria*. Bull. Trim. Soc. Myc. France, *83*, 104 bis 123 (1967).
ŠMARDA, F., Lycoperdaceae. Flora ČSR, ser. B, vol. *1*, 257–386, Praha, 1958.
SMITH, A. H., Speciation in higher fungi in relation to modern generic concepts. Mycologia *60*, 742–755 (1968).
SMITH, A. H., & HESLER, L. R., The North American species of *Pholiota*. New York und London, 1968.

SMITH, A. H. & SHAFFER, R. L., Keys to genera of higher fungi. Univ. of Michigan Biol. Station. Ann Arbor, 1964.
SMITH, A. H., & THIERS, H. D., A contribution toward a monograph of North American species of *Suillus*. Ann Arbor, 1964.
SMITH, A. H. & THIERS, H. D., The boletes of Michigan. Ann Arbor, 1971.
SMITH, A. H., THIERS, H. D., & WATLING, R., A preliminary account of the North American species of *Leccinum*, section *Leccinum*. The Michigan Botanist, *5* (no. 3A), 131–179 (1966).
SMITH, A. H., THIERS, H. D. & WATLING, R., A preliminary account of the North American species of *Leccinum*, sections *Luteoscabra* and *Scabra*. The Michigan Botanist, *6* (no. 3A), 107–154 (1967).
SMITH, A. H., & ZELLER, S. M., A preliminary account of the North American species of *Rhizopogon*. Mem. New York Bot. Garden, *14* (no. 2), 1–178 (1966).
SVRČEK, M., Hymenogastrales. Flora ČSR, ser. B, *1*, 121–208 Praha, 1958.
ULVINEN, T., Über einige *Bovista*- und *Lycoperdon*-Arten in Finnland. Aquilo, Ser. Bot., *8*, 25–41, 1969.
VASIL'KOV, B. P., Taksonomičeskie odnosenija u gribov roda *Scleroderma* PERS. v SSSR. De usibus taxonomicis apud fungos generis *Scleroderma* PERS. in URSS. Trudy Bot. Inst. Akad. Nauk SSSR, *11*, 53–74 (1956 a).
VASIL'KOV, B. P., Berezovnik – *Krombholzia scabra* (FR.) KARST. – v SSSR. Spor. Rast., ser. II, *10*, 367–384 (1956 b).
VASIL'KOV, B. P., O vide u šljapočnych gribov. In: Problema vida v botanike, pp. 85–101. Moskva–Leningrad, 1958.
VASIL'KOV, B. P., Belyj grib. Opyt monografii odnogo vida. Moskva–Leningrad, 1966.
WATLING, R., Boletaceae, Gomphidaceae, Paxillaceae. British fungus flora, Agarics and Boleti, vol. *1*. Edinburgh, 1970.
ZELLER, S. M., & SMITH, A. H., The genus *Calvatia* in North America. Lloydia, *27*, 148–186 (1964).

Anschrift des Verfassers: Dr. habil. HANNS KREISEL, Fachgebiet Allgemeine Mikrobiologie, Sektion Biologie der Ernst-Moritz-Arndt-Universität Greifswald. Ludwig-Jahn-Str. 15, 22 Greifswald DDR.

Diskussion

HANDKE, Halle

Als Physiologe möchte ich das, was Herr Kollege KREISEL über eine bedingte Verwendbarkeit von physiologischen und chemischen Merkmalen ausgeführt hat, noch einmal nachdrücklich unterstreichen. Wir haben bei eigenen Untersuchungen immer wieder gesehen, wie verschiedenartig oft Isolate der gleichen Pilzart sind und wie leicht physiologische Kriterien sich zu ändern vermögen, wozu der heterokaryote Zustand der Mycelien über Aufspaltung bzw. Neukombination nicht unwesentlich beiträgt. Herr Kollege KREISEL hat vollkommen recht, wenn er sagt, daß uns in einzelnen Fällen ein chemisches oder physiologisches Merkmal bei höheren Pilzen wertvolle taxonomische Hilfestellung bieten kann. Aber da wir die genannten Merkmale noch zu wenig in der Hand haben und ihre Variationsbreite zuverlässig überhaupt nicht beurteilen können, so glaube ich, daß man zunächst von solchen Merkmalen nicht viel erwarten darf. Eine gewisse Ausnahme können vielleicht Hefen bilden, weil sie in physiologischer und biochemischer Hinsicht teilweise recht intensiv untersucht worden sind.

KREISEL, Greifswald
Ich möchte meinen Standpunkt noch einmal daraufhin präzisieren, daß wir selbstverständlich in der Mykologie auch von physiologischen und chemischen Merkmalen eine Bereicherung des Spektrums der verfügbaren Merkmale erwarten. Aber wir können sie im Vergleich zu morphologischen Merkmalen erst dann anwenden, wenn auch eine vergleichbare Anzahl von Analysen vorliegt, d. h., wenn ein wirklich breites Artenspektrum getestet ist, und wenn auch genügend Individuen pro Taxon getestet sind, damit wir nicht von Stichproben ausgehen müssen.

Aus dem Bereich Botanik und Arboretum des Museums für Naturkunde an der Humboldt-Universität zu Berlin

Introgressive Hybridisation und Sippendifferenzierung

GÜNTHER NATHO

Die fortschreitende Durcharbeitung an und für sich relativ gut bekannter Floren wie der europäischen und der nordamerikanischen fördert immer wieder neue Sippen im Range von Arten oder von ihr untergeordneten Kategorien zutage. Teilweise führt einfache intensive floristische Durchforschung derartiger Gebiete im Zusammenhang mit Kartierungsvorhaben, mit der Erarbeitung von Florenwerken zu diesen Neubeschreibungen, teilweise gibt das Wissen um sogenannte kritische Sippen Anlaß zu monographischer Bearbeitung bestimmter Komplexe. In ihrer Folge stehen dann nicht nur Neukombinationen u. ä., sondern auch die Beschreibungen neuer Sippen. Wie groß die Zahl neuer Artbeschreibungen ist, zeigen einige Beispiele für den Zeitraum 1956/60 (Index kewensis 1966). In ihm wurden aus den Gattungen *Betula* 19, *Convolvulus* 7, *Euphrasia* 16, *Panicum* 35, *Papaver* 16 und *Scabiosa* 5 Arten neu aufgestellt. Wenn auch tropische und subtropische Gebiete hierbei mit erfaßt sind, so ist die überwiegende Mehrzahl von ihnen in den gemäßigten Breiten der nördlichen Halbkugel zu Hause. Nicht enthalten in den Registern sind die Kategorien unterhalb der Art und jene Komplexe, die sich als verbindende Formenschwärme zwischen zwei Ecksippen ausbreiten. Diese Formenschwärme täuschen oftmals einen gleitenden Übergang der Ecksippen ineinander vor und lassen somit in manchen Fällen die Abgrenzung bereits der Ecksippen gegeneinander als fraglich erscheinen. Da in den Formenschwärmen neben intermediären Typen solche auftreten, die der einen oder anderen Ecksippe oder dem Intermediärtyp näherstehen, wird die Abgrenzung definiter Sippen sehr erschwert. Hinzukommt noch ein methodisches Problem. Durch die Fortschritte – mögen sie im Vergleich zu anderen naturwissenschaftlichen Disziplinen noch gering erscheinen – in der Methodik bei der Erfassung des Merkmalskomplexes treten Abweichungen von der Norm einer Sippe und Formenschwärme viel stärker hervor als dies vor wenigen Jahrzehnten der Fall war. Gleichzeitig erhebt sich die Frage nach den Ursachen für das Auftreten von Formenschwärmen.

Ohne auf historische Entwicklungen zurückzugreifen (vgl. u. a. NATHO 1967), bestehen zwei Erklärungsmöglichkeiten. Einmal durch die Annahme einer mehr oder weniger großen Variabilität der Ecksippen eines Formenschwarmes und andererseits durch die Vermutung der Hybridisation zwischen den Ecksippen, die dann als Elternsippen anzusprechen wären. Beide Interpretationsmöglichkeiten spielen in der gegenwärtigen botanisch-taxonomischen Literatur eine bedeutende Rolle, wobei alle Aspekte beider Erscheinungen Beachtung finden. Allerdings hat die nichthybridogene Variabilität, die ihre taxonomische Manifestation in der Ermittlung der Variationsbreite des Merkmalskomplexes einer Sippe findet oder finden sollte, verhältnismäßig enge Grenzen, an denen ihre Erklärungswirksamkeit endet. Sie sind spätestens dann gegeben, wenn bei der Untersuchung Differenzen in den zytologischen Befunden (Chromosomenzahlen) auftreten. Ferner reicht Variabilität meist nicht aus zum Verständnis des völligen Übergreifens der Merkmale zweier Ecksippen oder für das Auftreten solcher Merkmale, die aus einer der Ecksippen herausgelöst erscheinen. In diesen und ähnlichen Fällen wird immer häufiger die Frage nach der möglichen Hybridnatur vorhandener Formenschwärme gestellt und geprüft. Dies gilt gleichfalls für jene Sippen, die zwar in sich geschlossen erscheinen, deren Merkmalskomplex in seiner Heterogenität die Vermutung nach der Herkunft aus zwei Ausgangssippen zuläßt. Die Annahme der Hybridisation allein, auch wenn sie nachgewiesen ist und obendrein ihre Begrenzungsfaktoren (vgl. u. a. STEBBINS 1968) beachtet worden sind, genügt in einer großen Anzahl von Fällen nicht, um alle Momente zu fassen und zu erklären. Vor allem sind es die nichtintermediären Formen, die weitgehend unberücksichtigt bleiben.

Bereits vor Jahrzehnten hat ANDERSON (ANDERSON & HUBRICHT 1938) aus seinen Erfahrungen mit *Tradescantia* und *Iris* den Begriff „Introgressive Hybridisation" geprägt und in späteren Arbeiten (ANDERSON 1949, ANDERSON 1953, ANDERSON & STEBBINS 1954 und 1959, STEBBINS 1968 u. a.) weiterentwickelt. Demzufolge ist Introgressive Hybridisation anzusehen als Hybridisation von Ausgangssippen (Arten, Unterarten, Varietäten u. ä., jedoch nicht im genetischen Sinne — also keine Bastardierung von reinen Linien) unter natürlichen Bedingungen mit Rückkreuzung der Hybriden mit den Elternsippen und folgender Selektion unter natürlichen Bedingungen. Hiermit werden zugleich eine Reihe anderer Begriffsdefinitionen erfaßt, die diesen Erscheinungskomplex teilweise oder ganz erfassen (vgl. NATHO 1967). — Parallel zur Introgressiven Hybridisation, als deren Folge ANDERSON (1953) auch die Entstehung der Kulturpflanzen und (vieler) Ruderalpflanzen ansieht, fand er die Erscheinung der „introgression of the habitat". Hierunter ist zu verstehen, daß die introgressiven Hybriden Standorte besiedeln, die von den Ausgangssippen gemieden werden resp. solche, die als ökologische Nischen anzusprechen sind.

Im Verlaufe der letzten zwanzig Jahre wurden beide Erscheinungen vielfach bestätigt und in einer großen Zahl von Gattungen nachgewiesen. Die vorliegende Literatur läßt sich grob gliedern in solche Arbeiten, die sich ausschließlich der Feststellung der Fakten widmen (z. B. BAILEY & BAILEY 1965, COUSENS 1965, CARLISLE & BROWN 1965, PANETSOS & BAKER 1967/68 u. a.) und solche, die sich mehr oder weniger ausschließlich mit den theoretischen Problemen auseinandersetzen (ANDERSON 1953, STEBBINS

1969 u. a.). Letztere gehen hauptsächlich von der Prämisse aus, daß die Introgressive Hybridisation großräumig abläuft und für ihr Gelingen das Vorhandensein entsprechender gestörter Standorte (ökologische Nischen) gegeben sein muß. Diese Bedingungen scheinen modellhaft erfüllt zu sein mit dem Auftreten der Vereisungen. Andere Autoren verweisen in diesem Zusammenhang auf die die natürliche Umwelt zerstörenden Einflüsse des Menschen hin, denen sie die gleiche Wirkung wie den Eiszeiten zusprechen. Gemeinsam ist diesen mehr theoretisch orientierten Arbeiten die Frage nach der Rolle der Hybridisation und speziell der Introgressiven Hybridisation in der Evolution. Während sich ANDERSON (1949) einer Meinungsäußerung enthält, schreibt STEBBINS (1969): „... the evolutionary consequences of hybridization ... under favorable conditions, crossing between adaptively different populations may be a powerful catalytic stimulus to divergent evolution." Dem steht die Verneinung einer evolutionären Bedeutung der Hybridisation gegenüber, wie sie u. a. WAGNER (in HEYWOOD 1968) zum Ausdruck bringt, den seine Erfahrungen zu der „nicht neuen Schlußfolgerung" führen, „daß Hybriden wahrscheinlich nur geringe Bedeutung haben". Aber im gleichen Zusammenhang betont er, daß Hybriden häufig sind!

In dieser nur beispielsweise angedeuteten Situation erscheint eine Arbeit von BOBROV (1973) mit einer Reihe von Feststellungen, die einer näheren Betrachtung wert sind. Zunächst grenzt BOBROV die Introgressive Hybridisation zeitlich ein, wenn er definiert: „Introgressive Hybridisation ist eine unter natürlichen Bedingungen auf gestörten Territorien in Jahrtausenden ablaufende Erscheinung, die mit paläogeographischen Ereignissen verknüpft ist." Weiterhin führt er unter diesem Gesichtspunkt aus, daß in einem bestimmten Gebiet nicht einzelne Artenpaare von der Introgressiven Hybridisation erfaßt werden, sondern viele Arten. Gleichzeitig weist er den introgressiven Hybriden nur geringe Stabilität zu und erläutert an Beispielen aus den Gattungen *Picea* und *Larix* die Absorption der Hybriden durch jene Elternsippen, die den gegebenen klimatischen Bedingungen am besten angepaßt sind. Außerdem betont BOBROV, daß die mit der Sektion *Omorika* der Gattung *Picea* und der Sektion *Multiseriales* der Gattung *Larix* nachzuweisende Sippenbildung durch intergenerische introgressive Hybridisation keine neuen evolutionären Perspektiven eröffnet hat und auch nicht in anderen Fällen eröffnen wird.

BOBROV (l. c.) hat als Beispiele Introgressiver Hybridisation ausschließlich holzige Sippen und mit Ausnahme des Beispiels von *Cornus sanguinea* s. l. solche aus den Pinaceae angeführt. Am eindrucksvollsten ist die Annahme der Entstehung der *Picea*-Arten aus der Sektion *Omorika* durch intergenerische introgressive Hybridisation von *Picea*- und *Tsuga*-Arten im Tertiär und der *Larix*-Arten aus der Sektion *Multiseriales* durch Introgression von Arten der Gattung *Pseudotsuga* in Lärchen der Sektion *Pauciseriales* im Miozän. Parallel hierzu weist BOBROV auf Introgressionen innerhalb der Gattungen *Picea* und *Larix* im Gebiet Eurasiens hin, deren Ursprung im

Pliozän oder Pleistozän, evt. erst im Holozän, zu suchen ist. Mit diesem speziellen Prozeß ist verbunden, daß die Hybriden allmählich durch eine Elternsippe, die den klimatischen Verhältnissen besser angepaßt ist, aufgesaugt werden. Es werden demzufolge die Hybriden von *Picea abies* mit *Picea obovata* allmählich von *Picea abies* verdrängt und ferner die sibirische Art (*Picea obovata*) selbst von *Picea abies* zurückgedrängt. Ähnliche Vorgänge spielen sich zwischen den *Larix*-Arten Eurasiens ab, auf deren nähere Darstellung verzichtet sei.

Aus dem Bereich krautiger Sippen mag der sog. „wilde“ *Raphanus sativus* stehen, über den PANETSOS & BAKER (1967/68) berichten. Sie fanden bei der Untersuchung von *Raphanus*-Populationen von der Sierra Nevada bis zur Pazifischen Küste in Kalifornien, daß lediglich im Central Valley reiner *Raphanus raphanistrum* auftritt. Die übrigen Populationen bestehen aus *Raphanus sativus*. Die nähere morphologische Untersuchung – sie wurde durch die zytologische bestätigt – läßt erkennen, daß diese Formen von *Raphanus sativus* („wilder“ *R. s.*) aus der Kreuzung von kultiviertem *Raphanus sativus* mit *R. raphanistrum* entstanden sind. Die Populationen sind in der Ausprägung der Merkmale je nach Standort und geographischer Lage unterschiedlich. Im Binnenland dominieren eindeutig Merkmale von *Raphanus raphanistrum*, während in Küstennähe Merkmale von kultiviertem *Raphanus sativus* dominieren. Letzten Endes ist also der sog. „wilde“ *Raphanus sativus* durch Introgressive Hybridisation entstanden und lästigerweise zu einem „erfolgreichen“ Unkraut in Kalifornien geworden. – Aus der Verbreitung der Sippen (*R. raphanistrum* Europa, *R. sativus* Vorderasien) darf man schließen, daß es sich eindeutig um eine Introgression in historischer Zeit handelt, auch wenn die Autoren auf diese Frage nicht eingehen.

Aus diesen Beispielen ergibt sich, daß Introgressionen am Übergang vom Tertiär zum Quartär stattfanden und zur Fixierung von Sippen – hier auf der Ebene von Sektionen – führten, und daß Introgressionen in der Gegenwart und jüngsten Vergangenheit ablaufen. Diese gelangen gleichfalls zur Sippendifferenzierung, deren Rang im Beispiel nicht näher definiert wurde, aber immerhin als innerhallb einer Art liegend anzusehen ist. In beiden Fällen liegen folglich gleiche oder ähnliche ökologische Bedingungen vor, nur dadurch unterschieden, daß sie im Beispiel von *Larix* und *Picea* auf paläogeographischen Ereignissen beruhen und im Fall von *Raphanus* nur durch den Menschen bedingt sein können. – Hier drängt sich die Frage auf, ob es grundsätzliche Unterschiede im gegenwärtigen Auftreten von Introgressionen bei holzigen Pflanzen gegenüber krautigen, bei Nacktsamern gegenüber Bedecktsamern gibt? Diese Frage steht im Zusammenhang mit der Feststellung BOBROVs (l. c.), introgressive Hybriden seien instabil, wofür er als Beweis die kleinen Areale der Fichten der Sektion *Omorika* anführt, die nach ihm als absterbende Sippen zu betrachten sind.

CARLISLE & BROWN (1965) untersuchten im nördlichen Lancashire eine

Eichenpopulation auf 116 ha, die aus *Quercus petraea, Quercus robur* und den zugehörigen introgressiven Hybriden besteht. Letztere nähern sich sowohl dem einen als auch dem anderen Elter. Ähnliche Befunde erzielte COUSENS (1965) bei seinen vergleichenden Untersuchungen derselben Sippen in Irland, SO-England und Jugoslawien. Bemerkenswert aus dieser Arbeit ist weiterhin die Feststellung steigender Introgression von England nördlich nach Schottland als Folge der Anpflanzung von *Q. robur* zu *Q. petraea*. – Aus den Beispielen für *Raphanus* und *Quercus* darf zunächst der Schluß gezogen werden, daß zwischen angiospermen Hölzern und Kräutern kein Unterschied im aktuellen Auftreten von Introgressionen besteht.

Etwas problematischer sieht es bei den Gymnospermen aus. Während für angiosperme Hölzer recht zahlreiche Untersuchungen vorliegen, ist Verf. für Gymnospermen nur die Arbeit von GAUSSEN (1966) bekannt, der die intergenerische Hybride *Tsugo-Picea hookeriana* aus *Picea sitchensis* und *Tsuga heterophylla* und die Kreuzung dieser Hybride mit *Picea engelmannii* (=*Tsugo-Picea crassifolia*) aus Kalifornien und Nevada beschreibt. Gleichzeitig erwähnt er die Hybridisation von *Tsuga chinensis* mit *Keteleeria evelyniana* in den Gebirgen Südchinas. Damit dürfte allerdings genugsam auch für die Gymnospermen erwiesen sein, daß im Quartär und damit bis in die Gegenwart hinein Introgressionen möglich sind.

Da offenbar keine Unterschiede in den Möglichkeiten zur Introgression zwischen krautigen und holzigen, gymnospermen und angiospermen Pflanzen bestehen, muß ein Blick auf die Umwelt geworfen werden. Die Prozesse der Glazialzeit liefen in beachtlichen Zeiträumen ab und erfaßten relativ sehr große Gebiete. Es kam dabei einerseits zu tiefgreifenden Veränderungen der natürlichen Gegebenheiten, andererseits traten aber immer wieder Phasen der – wenn auch relativen – Beruhigung ein. Damit waren aber Voraussetzungen geschaffen, die den Ausgangssippen einer eingetretenen Introgression Anpassungsmöglichkeiten boten. Hierin dürfte die Ursache für die von BOBROV (l. c.) beschriebene Absorption der Hybridpopulationen durch eine Elternsippe wesentlich begründet sein. Sie könnte zugleich mitverantwortlich für die von ihm postulierte Instabilität der introgressiven Hybriden sein. Es ist anzunehmen, daß z. B. die Fichtensippen der Sektion *Omorika* die für sie geeigneten ökologischen Nischen nicht voll ausschöpfen konnten, weil der der neuen Sippen mit ihren zweifellos vorhandenen reproduktiven Einschränkungen zur Verfügung stehende Zeitraum für die Gesamtbesiedlung nicht ausreichte. Auch kam dann vermutlich der Druck einer der Elternsippen bereits wieder hinzu. – Demgegenüber sind die Umweltbedingungen der Introgressionen in historischer Zeit grundsätzlich andere. Von Jahrhundert zu Jahrhundert wurden die Eingriffe des Menschen in die natürlichen Gegebenheiten tiefer und extensiver. Möglicherweise erreichen sie in unserer Zeit ihren Höhepunkt, zumindest was ihre Mißachtung der Natur angeht. Ein weiteres wesentliches Moment ist, solche Eingriffe sind nicht einmalig, sondern fast in der Regel kommt es zu Folgeeingriffen. Die Umwelt wird, wenn auch mit teilweiser enger räumlicher Begrenzung, in ständiger Instabilität gehalten, während in der Glazialperiode bis hin zur historischen Zeit immer wieder eine gewisse Stabilisierung der Umwelt eintrat.

Die Instabilität der Umwelt in unserer Gegenwart spiegelt sich sehr deutlich in der Literatur wider. Die Hinweise auf Hybridschwärme im hier angewandten Sinne beginnen etwa in den dreißiger Jahren und steigen kontinuierlich an. Gewiß spielen hier methodische Fragen genauso hinein wie der durch ANDERSON u. a. gegebene Anstoß zur Beachtung dieser Erscheinung. Es bleibt aber die Tatsache erhalten, daß sehr viele Fälle von Introgression in der Gegenwart aus verhältnismäßig kleinen Gebieten mit tiefer Veränderung der ursprünglichen Verhältnisse berichtet werden. Dies sollte uns dazu veranlassen, grundsätzlich zwischen prähistorischer introgressiver Hybridisation etwa im Sinne der Definition BOBROWs und historischer introgressiver Hybridisation zu unterscheiden, die unter den Bedingungen einer ständig durch den Einfluß des Menschen gestörten Umwelt abläuft. Gerade im Faktor der Umweltgegebenheiten liegen offenbar wesentliche Differenzen beider Erscheinungen, die auf denselben Grundvorgängen beruhen.

In die historische introgressive Hybridisation wären auch jene Erscheinungen einzubeziehen, die ANDERSON (1953) bereits mit erfaßt, wenn er auf die Entstehung von Kultur- und Unkrautpflanzen hinweist. BOBROV (l. c.) lehnt es ab, den gesamten Komplex der Produkte der Pflanzenzüchtung in die Introgressive Hybridisation einzubeziehen. Dies, obwohl er sehr klar ausspricht: die Grundvorgänge sind dieselben, nur die Selektion ist keine natürliche, sondern eine künstliche. Dagegen muß man jedoch die Frage aufwerfen, ob wir bei der historischen introgressiven Hybridisation unter den Bedingungen so gestörter Umweltbedingungen wie sie in weiten Gebieten Europas oder Nordamerikas herrschen, noch von natürlicher Auslese sprechen dürfen. Wenn ein engbegrenztes Gebiet wie bei der introgressiven Hybridisation von *Betula pumila* var. *glandulifera* und B. *papyrifera* (CLAUSEN 1962) vom Menschen derart gestört wird, daß unterschiedliche Standorte entstehen, die durch seine Tätigkeit erhalten bleiben, dann handelt es sich höchstens noch um pseudonatürliche Selektion.

Sippenbildung im Range von Sektionen und nicht näher festgelegt unterhalb der Art durch Introgression konnte durch vorstehende Beispiele belegt werden. BAILEY & BAILEY (1965) fanden bei Studien in der Gattung *Ptelea* im Kontaktgebiet von *Ptelea trifoliata* subsp. *angustifolia* und *Pt. tr.* subsp. *pallida* im Gebiet von Mexiko und der USA-Bundesstaaten Arizona, New Mexiko, Colorado, W-Texas u. a. Hybridpopulationen. Ihre Hybridnatur konnte nicht nur auf Grund der morphologischen Analyse, sondern auch an Hand der Chromatographie der Inhaltsstoffe nachgewiesen werden. Dieser Hybridschwarm ließ sich in zwei Sippen gliedern, die als var. *cognata* zu *Pt. trifoliata* subsp. *pallida* und als var. *confinis* zur subsp. *angustifolia* gestellt werden konnten. Beide Varietäten zeigen deutliche geographische Differenzierung, so daß an der Berechtigung beider kein Zweifel bestehen kann

Naturgemäß liegt die Zahl der beschriebenen, durch Introgression entstandenen Sippen höher als die Beispiele aussagen. Sie unterstreichen den Anteil, den die Introgression bei der Herausbildung neuer Sippen im Rang von Arten, Unterarten, Varietäten usw. hat. Wie groß dieser Anteil auf der Basis unserer heutigen Kenntnis ist, kann nicht abgeschätzt werden, weil z. Z. eine Zusammenfassung nicht vorliegt. Ein Mangel, der sich genauso erschwerend bemerkbar macht wie das Fehlen einer entsprechenden modernen Zusammenstellung der bekannten Hybriden überhaupt. – So unvollständig wie unsere derzeitige Kenntnis vom erreichten Stand der prähistorischen und der historischen introgressiven Hybridisation ist, so unsicher ist es, Prognosen über den Fortgang der historischen Introgression zu machen. Man kann nur auf einige Faktoren verweisen, die den möglichen Fortgang andeuten. Dies geschieht immer unter der Voraussetzung, geeignete potentielle Kreuzungspartner sind vorhanden. Die wiederholten Störungen der bereits mehr oder weniger instabilen Umwelt in bestimmten, begrenzten Räumen schafft die ökologischen Voraussetzungen für die Introgression. Damit verkürzen sich parallel die Zeiträume für eine mögliche Introgression, die vor allem bei den allgemein plastischeren krautigen Pflanzensippen relativ schnell zum Introgressionserfolg führen können und in der instabilen Umwelt unter pseudonatürlicher Selektion eine größere Manifestationschance haben. Dies führt schließlich zur echten Sippendifferenzierung im taxonomischen Sinne, d. h. die Zahl der durch Introgression entstandenen Sippen wird ansteigen. – Durch die Instabilität der Umwelt und parallele Störungen gleicher und sehr ähnlicher, begrenzter Standorte ist damit zu rechnen, daß Introgressionsprodukte derselben Merkmalskomplexstruktur polytop entstehen. Die bisher bekannten Beispiele weisen mehr auf monotope Genesis hin.

Die weitaus größere Zahl der bekannten Introgressionsfälle betrifft sympatrische Sippen. Eine Ausnahmestellung nimmt das erwähnte Beispiel von *Raphanus* ein. Der verstärkte Austausch zwischen den Kontinenten bringt trotz aller dagegen orientierten Maßnahmen auch die unbewußte Überführung von Sippen mit sich. Es ist nicht von der Hand zu weisen, daß damit in den Bedingungen unserer gerade an den internationalen Kontaktplätzen besonders gestörten Umwelt Einbürgerungsnischen geschaffen worden sind oder geschaffen werden. Dies kann verstärkt Fälle allopatrischer Introgressionen mit sich bringen.

Unter den genannten Aspekten wird es wichtig sein, wieweit es möglich sein wird, diese Vorgänge in der Gegenwart und Zukunft zu erfassen. Dann wird in Verknüpfung mit den Fällen prähistorischer Introgression ausgesagt werden können, welche Bedeutung der Introgression in der Evolution zukommt, ob sie neue Evolutionslinien aufbaut oder in ihrer Wirksamkeit auf die Ebene der Art und darunter und auf Einzelfälle in der Ebene der Gattung beschränkt ist. Dazu wird natürlich notwendig sein, auch derart problematische Sippen wie *Crataegus* in Nordamerika zu beachten.

Literaturverzeichnis

ANDERSON, E., Introgressive hybridization. London und New York, 1949.
—, Introgressive hybridization. Biol. Rev., *28*, 280—307 (1953).
ANDERSON, E. & HUBRICHT, L., The evidence for introgressive hybridization. Amer. J. Bot., *25*, 396—402 (1938).
ANDERSON, E. & STEBBINS, G. L., Hybridization as an evolutionary stimulus. Evolution, *8*, 378—388 (1954).
BAILEY, H. E. & BAILEY, V. L., Phylogenetic studies on the genus *Ptelea* (Rutaceae) ... Lloydia, *28*, 27—43 (1965).
BOBROV, E. G., Introgressive Hybridisation, Sippenbildung und Vegetationsänderung. Feddes Repert., *84*, 273—294 (1973).
CARLISIE, A. & BROWN, A. H. F., The assessement of the taxonomic status of mixed oak (*Quercus* ssp.) populations. Watsonia, *6*, 120—127 (1965).
CLAUSEN, K. E., Introgressive hybridization between two Minnesota birches. Silvae Genetica, *11*, 125—176 (1962).
COUSENS, J. E., The status of the pedunculate and sessile oaks in Britain. Watsonia, *6*, 161—176 (1965).
GAUSSEN, H., Les gymnosperms actuelles et fossiles, 8. Toulouse, 1966.
NATHO, G., Zum Problem der Introgressiven Hybridisation. Feddes Repert., *75*, 55—60 (1967).
PANETSOS, C. A. & BAKER, H. G., The origin of variation in „wild" *Raphanus sativus* (Cruciferae) in California. Genetica, *38*, 243—274 (1967/68).
STEBBINS, G. L., The role of hybridization in evolution. Proc. amer. phil. Soc., *103*, 231—251 (1959).
—, Evolutionsprozesse. Jena, 1968.
—, The significance of hybridization for plant taxonomy and evolution. Taxon, *18*, 26—35 (1969).
WAGNER, W. H., Hybridization, taxonomy and evolution. In: HEYWOOD, V. H., Modern methods in plant taxonomy, p. 113—138. London und New York, 1968.
Index Kewensis, Suppl. XIII. Oxonii, 1966.

Anschrift des Verfassers: Dozent Dr. habil. G. NATHO, Bereich Botanik und Arboretum des Museums für Naturkunde an der Humboldt-Universität zu Berlin, 1195 Berlin-Baumschulenweg, Späthstr. 80—81. DDR.

Diskussion

HANELT, Gatersleben

Sie erlauben, wenn ich auch noch einmal auf die bereits von Ihnen angeführte große Bedeutung des Vorgangs der Introgression für die Entstehung der Kulturpflanzenmannigfaltigkeit hinweise. Mais ist ein bekanntes Beispiel. Ein anderes Beispiel, das in den letzten Jahren besonders eingehend bearbeitet worden ist, sind die Sorgum-Hirsen, meist aus Afrika stammend, bei denen ein außerordentlich intensives introgressives Wechselspiel zwischen den Unkrautsippen und den Kulturformen vor sich geht, wovon letzten Endes beide Sippen, sowohl die Unkrautsipppen wie die Kultursippen in bezug auf die Erhöhung der Formenmannigfaltigkeit profitieren. Das wäre ein Beispiel der

Introgression auf dem Stadium der unbewußten Kulturpflanzenzüchtung; bewußt wird der Mechanismus der Introgression eingesetzt in der modernen Pflanzenzüchtung in Form der sogenannten Substitutionszüchtung mit Hilfe von Chromosomensubstitutionen, also etwa mit der Einlagerung bestimmter *Aegilops*-Chromosomen oder Chromosomenabschnitte in unsere Weizensorten, wobei es sich um solche Chromosomen oder Abschnitte derselben handelt, die die Lokalisierung von bestimmten wirtschaftlich wichtigen, meist Resistenzmerkmalen tragen. Mit Hilfe dieser Manipulationen sind ja außerordentlich bedeutende züchterische Fortschritte in den letzten Jahrzehnten erzielt worden, und letzten Endes ist auch die schon seit längerer Zeit praktizierte Form der ständigen Rückkreuzung nur eine besondere Form der Introgression, die in der Züchtung von Bedeutung ist.

NATHO, Berlin
Ganz bewußt habe ich hier auf die Problematik der Kulturpflanzen näher einzugehen verzichtet. *Aegilops* selbst ist ein Beispiel für Introgression. Dem Komplex Kulturpflanzen gegenüber habe ich versucht, weil die Arbeit von BOBROV eigentlich dazu zwang, einmal zu beleuchten, wie vergleichsweise sich Angiospermen, Gymnospermen, holzige und krautige Pflanzen hinsichtlich Introgressiver Hybridisation verhalten. Die Literatur ist interessanterweise vor allem nordamerikanisch und z. T. europäisch, d. h. sie behandelt besonders solche Gebiete, die am stärksten in der Veränderung ihrer sogenannten natürlichen Umwelt vorangeschritten sind. Auch dies ist ein Grund, weshalb die herangezogenen Beispiele auf Wildsippen beschränkt wurden.

Gestern fiel in einem Diskussionsbeitrag von Frau Professor NÜRNBERG der Terminus „Noch-Wildsippen". Heute klang dieser Gedanke auch in unserer Diskussion an in der Frage, kann man Kultur- und Wildpflanzen mit denselben Kategorien ordnen und messen. Es erhebt sich überhaupt die Frage, wo ist für uns heute die Grenze zwischen Kultur- oder „Nahezu-Kulturpflanze" und Wildpflanze resp. „Noch-Wildpflanze", zumindest unter unseren Bedingungen der modernen Industriegesellschaft. Die moderne Industriegesellschaft verändert die natürliche Umwelt und damit auch die ökologischen Bedingungen. Eigentlich alles, was draußen wächst, kann nur noch wachsen, wenn es der Mensch zuläßt! Mit dieser intensiven Veränderung der natürlichen Umwelt wird auch das Problem der Introgressionen immer gravierender. Es scheint mir notwendig, daß wir versuchen sollten, möglichst viel über die Introgressionen auch in der Entwicklung zu erfassen. Wir müssen annehmen, daß diese Prozesse einerseits relativ häufig jetzt einsetzen resp. einsetzen werden. Andererseits werden sie relativ schnell bei krautigen Sippen erfolgreich ablaufen, weil diese sich innerhalb einer Vegetationsperiode reproduzieren. Nur so können wir Introgressionsprozesse erfassen und Modelle erlangen, die uns derartige Prozesse in der Vergangenheit erklären helfen. Gleichzeitig können wir einer Klärung der Rolle der Introgressiven Hybridisation in der Vergangenheit näherkommen.

Aus dem Herbarium Haussknecht, Sektion Biologie der Friedrich-Schiller-Universität Jena

Kleinsippen in allogamen und apogamen Abstammungsgemeinschaften

GERHARD KLOTZ

Abstammungsgemeinschaften von Organismen (Sippen) treten uns in der Natur in einer großen Vielfalt entgegen. Diese Vielfalt erstreckt sich nicht nur auf den konkreten Inhalt (darunter verstehe ich die spezifische Merkmalskombination einschließlich der Formen der Fortpflanzung), sondern auch auf

- den Umfang und die innere Struktur der Sippen;
- die Form der Entstehung, das Entwicklungstempo, das Alter und das erreichte Entwicklungsstadium sowie
- die Form der Abgrenzung und den systematischen Abstand zur nächsten Sippe.

(Von den Unterschieden in der Rangstufe und der Stellung im System können wir dabei bewußt absehen, weil diese lediglich Funktion der genannten, allgemeinen Eigenschaften sind.)

In Anbetracht dieser Vielfalt müssen wir uns die Frage vorlegen: „Ist eine so weitgehende Generalisierung, wie sie im Fall der Spezies – oder genauer: mit der Sippe, die als Art angesehen wird – getrieben wurde und, wie die Vorträge auf diesem Symposium erneut bewiesen haben, getrieben wird, praktisch und theoretisch vertretbar?

In der Beantwortung dieser Frage können wir nicht von gesetzten Prämissen oder gar von Dogmen (auch nicht von der Artkonzeption der Philosophen) ausgehen, wie dies in der Vergangenheit häufig geschehen ist und zum Teil auch heute noch geschieht. Wir müssen vielmehr von den gegebenen Tatbeständen ausgehen und im Zuge der Generalisierung und Abstraktion die erzielten Erkenntnisse in der praktischen Arbeit immer wieder überprüfen. Dabei ist es nicht vertretbar, wenn wir das gewünschte Ergebnis vorwegnehmen, indem wir ständig allgemein von d e r A r t sprechen oder von der Universalität der Artkonzeption, ein Hypothesengebände errichten und über die Allgemeingültigkeit einzelner Hypothesen streiten, obwohl uns bekannt ist, daß sich hinter dem Begriff Art eine Vielzahl von Sippen mit sehr verschiedenen Eigenschaften verbirgt. Bevor wir nicht ernsthaft geprüft haben, ob das, was wir bei Bakterien, niederen und imperfekten Pilzen, bei Flechten und Lebermoosen, bei Lebachiaceen und Magnoliaceen, bei Orchideen und Gräsern, bei Betula, Crataegus und Hieracium, im Fall von Welwitschia und Ginkgo als Arten ansehen und binär benennen, tatsächlich im Sinn einer universellen Artkonzeption homologisierbar ist, bleibt eine allgemeine Diskussion „d e r A r t“ stark belastet. In diesem Zusammenhang erweist es sich als dringend an der Zeit, sich der historischen Entwicklung des Artbegriffs bewußt zu werden und dabei auch kritisch zu überprüfen, welche Rolle z. B. die binäre Nomenklatur für die Entstehung und Entwicklung der Auffassung der Art als elementare Grundeinheit der Evolution und der Systematik gespielt hat. Daß die Artkonzeption sowohl in ihren erkenntnistheoretischen als auch in ihren praktischen Aspekten vor der Evolutionstheorie entstand und existierte und sich bis heute die methodische Grundlage (= Vergleich, aus dem die Erkenntnis von Gemeinsamkeiten und Unterschieden entspringt) kaum verändert hat, ist dabei ebenso wichtig wie die Erkenntnis, daß die elementaren Evolutionsprozesse in den Populationen vor sich gehen und damit von der Position des Evolutionsgeschehens kein Anlaß gegeben ist, die Kategorie der Art gegenüber den anderen taxonomischen Kategorien besonders hervorzuheben. Wir müssen uns auch ständig vor Augen halten, daß die Artkonzeption seit ihrer Übertragung auf die Lebewesen einem ständigen Wandel unterworfen war und daß einseitige Orientierungen – als solche sehe ich auch die „biologische Artkonzeption" von E. MAYR an – letzten Endes scheiterten, weil sie in der alltäglichen praktischen Arbeit des Taxonomen nicht realisiert werden konnten. Die systematischen Kategorien treten uns in der Natur in einer außerordentlichen Vielfalt entgegen, und dieser Vielfalt müssen wir in der Theorie und Praxis Rechnung tragen.

Ich möchte an zwei Beispiel-Gattungen demonstrieren, wie verschieden jene Sippen sind, die binär benannt sind und damit als Arten aufgefaßt werden. Ich wähle zwei Verwandtschaftskreise aus, die sich in ihrem Fortpflanzungsverhältnissen zum Teil grundsätzlich unterscheiden: Die Boraginaceen-Gattung *Echium*, die generell durch Allogamie ausgezeichnet ist, und die Malaceen-Gattung *Cotoneaster*, in der Apogamie weit verbreitet ist. Entsprechend den verschiedenen Fortpflanzungsmodi erfolgt die Evolution nach zwei grundverschiedenen Prinzipien: Im Falle der Allogamie ist mit der Fortpflanzung jeweils eine Paarung homologer Chromosomen während der Meiose und die Syngamie zweier verschiedeneltriger Gameten verknüpft, zwei Rückkopplungsmechanismen, die eine Weitergabe veränderter (mutierter) Gene weitgehend einschränken. Sie ergänzen in ihrer Wirkung das semikonservative System der DNS und verleihen der Population einen hohen Stabilitätsgrad. Die Herausbildung neuer Sippen erfolgt hier häufig über die geographische (bzw. ökologische) Isolierung und durchläuft die Differenzierungsstadien der Varietät und Subspezies. Die Kreuzbarkeit zwischen den Kleinsippen bleibt meist lange potentiell erhalten. Werden solche Kleinsippen in Mischvergleichskulturen gehalten, so bastardieren sie und bilden voll fertile Nachkommen. Bei Artenpaaren oder Artengruppen, die auf diesem Wege entstanden sind, findet man alle Übergänge von leicht kreuzbaren mit fertiler Nachkommenschaft über kreuzbare mit fertiler Nachkommenschaft und sporadisch sich kreuzenden mit sterilen Nachkommen bis zu inkompatiblen Arten. Diese sich abschwächende Kompatibilität geht meist parallel zur abnehmenden morphologischen Ähnlichkeit.

Anhand einiger Beispiele aus der Gattung *Echium* möchte ich zeigen, wie dieser Evolutionsmodus konkret realisiert ist und wie verschieden dabei jene Sippen sind, die als Arten aufgefaßt werden und damit binär benannt sind. Nach ihrem morphologischen und geographischen Differenzierungsgrad, nach der Kreuzbarkeit und nach der Fertilität der Nachkommenschaft lassen sich 8 verschiedene Typen von Arten unterscheiden:

1. Morphologisch nicht oder wenig differenzierte Arten. Vorhandene Abweichungen sind modifikativer Natur. Hier sind zu nennen einige Arten mit einem relativ eng begrenzten Areal, z. B. *Echium lusitanicum* L., *E. salmanticum* LAG., ersteres im Westen, letzteres im Zentrum der iberischen Halbinsel vorkommend, *E. simplex* DC. von der Insel Tenerife, aber auch Arten mit einem relativ großen Areal wie *E. asperrimum* LAM. und *E. eriobotrium* POMEL. Nach ihren morphologischen Eigenschaften und der geographischen Verbreitung sind die beiden letztgenannten Arten relativ junge Taxa.

2. Polymorphe Arten mit großer Veriabilität in allen Teilen des Areals. Die von der Norm abweichenden Ausprägungen der Eigenschaften sind größtenteils modifikativer, teils aber auch mutativer Natur. Letztere bleiben in der Einzelkultur über mehrere Generationen erhalten, werden in der Mischkultur aber rasch eingeschmolzen.

Hier ist das mediterrane *E. lycopsis* GRUFB. zu nennen, das im gesamten Mediterrangebiet auftritt und heute auch in Südafrika, Nord- und Südamerika, Australien und Neuseeland vorkommt. In gleicher Weise variabel sind *E. rawolfii* DELILE, *E. trygorrhizum* POMEL, *E. parviflorum* MOENCH und *E. arenarium* GUSS. Die Polymorphie steht hier beziehungslos neben der geographischen Verbreitung und entspricht in den meisten Fällen der Vielfalt der besiedelten Standorte. Die taxonomische Bewertung der Differenzen kann nur in Ausnahmefällen das Niveau der Forma übersteigen.

3. Polymorphe Arten mit einsetzender geographischer Differenzierung. Die geographisch gebundenen morphologischen Abweichungen bleiben in der Einzelkultur über mehrere Generationen erhalten. In Mischkulturen und in den Kontakträumen der Kleinsippen im natürlichen Verbreitungsgebiet sind sie frei kombinierbar und erscheinen in den Nachkommenschaften teils in typischer Ausprägung, teils graduell abgestuft. Als Beispiele sind *E. italicum* L. und *E. russicum* GMEL. zu nennen.

Die Verhältnisse bei *E. italicum* sind auf Abb. 1 und Karte 1 dargestellt. Die Habitusdifferenzierungen, die auf die unterschiedliche Gestaltung der Seitensprosse im reproduktiven Bereich der Pflanzen bzw. der Boragoide zurückzuführen sind, zeigen hier deutliche Beziehungen zur geographischen Verbreitung. Diese Gliederung ist zum Teil mit einer unterschiedlichen Färbung der Beborstung verbunden. Alle anderen Abweichungen vom morphologischen Typus, z. B. in der Form und Beborstung der Blätter, Dichte und Länge der Achsenbehaarung, in der relativen Länge der Sepalen zur Korolle, Färbung der Korolle (weiß bis blaßblau oder blaßrosa) sind modifikativer Art bzw. geographisch nicht differenziert.

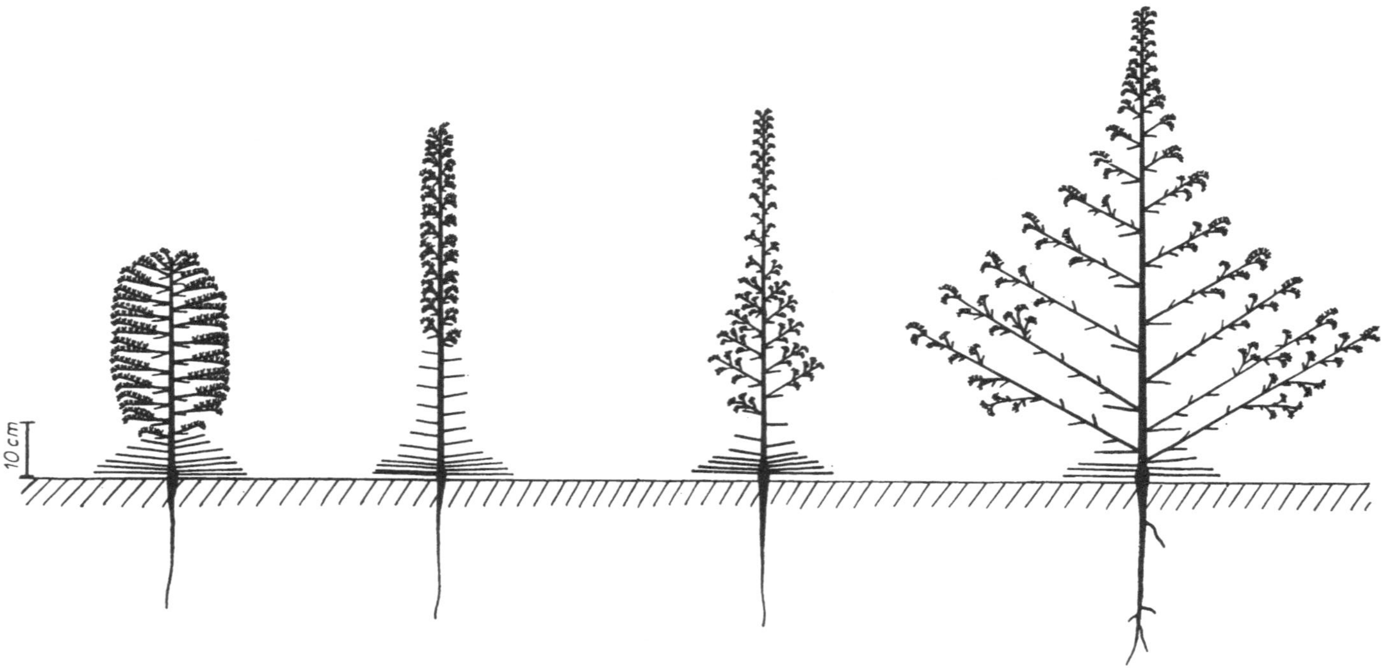

Abb. 1. Habitusdifferenzierung bei *Echium italicum* L. (von links nach rechts: Var. *siculum* LACAITA, var. *italicum*, var. *luteum* LACAITA, var. *biebersteinii* LACAITA)

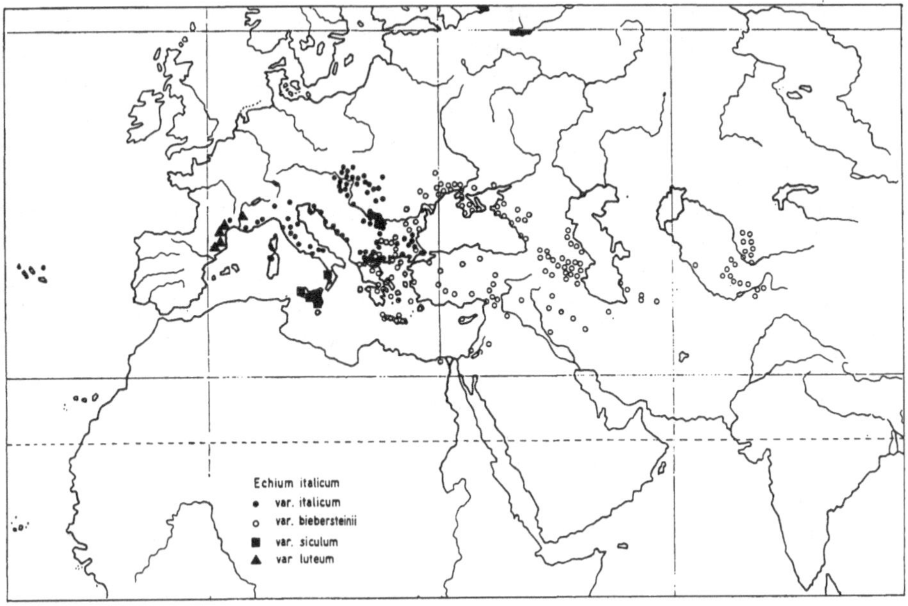

Karte 1. Differenzierung und geographische Verbreitung von *Echium italicum* L.

Die geographisch-morphologisch differenzierten Sippen von *E. italicum* wurden aufgrund der Geringfügigkeit der morphologischen Abweichungen als Varietäten bewertet. Es ist bemerkenswert, daß die Ausweitung des Areals der Var. *biebersteinii* LACAITA nach Osten erst in historischer Zeit erfolgte.

Echim russicum zeigt eine ähnliche Differenzierung. Bei dieser pontisch-pannonischen Steppenart haben sich im Kaukasus und auf der Südseite der Krim Kleinsippen herausgebildet (vgl. KLOTZ 1960), die sich vom Typ in der Dichte und Länge der Behaarung, teils auch in der Größe der Synfloreszenz und in der Blattform unterscheiden. Die Geringfügigkeit der morphologischen Differenzen und die nicht vorhandene Abgrenzung erlauben hier ebenfalls nur eine Bewertung der Kleinsippen im Varietätsrang.

4. Stark polymorphe Arten mit fortgeschrittener morphologisch-geographischer Differenzierung. Die Differenzierung ist zum Teil bereits so weit gediehen, daß einige Autoren in der Vergangenheit aus ihrer lokal begrenzten Kenntnis heraus verschiedene Kleinsippen der stark polymorphen Arten als selbständige Species angesehen und beschrieben haben. Diese Kleinsippen sind jedoch weder geographisch noch biologisch isoliert und sind morphologisch durch Übergänge miteinander verbunden. Sie kreuzen sich untereinander und produzieren dabei voll fertile Nachkommenschaften.

Als Beispiele sind hier zu nennen *Echium vulgare* L., *E. angustifolium* MILLER und E. humile DESF.

Echium vulgare tritt im nordwestlichen und im nördlichen Mediterrangebiet in Form mehrerer Unterarten auf, ist in Form der typischen Unterart sekundär über große Teile des mittleren und nördlichen Eurasiens und des mittleren Nordamerikas verbreitet und tritt als Unkraut sogar auf der Südhalbkugel auf. Die morphologischen Differenzen erstrecken sich auf die Lebensform, den Habitus, die Form und Behaarung der Blätter, die Form, Farbe und die Größe der Korolle, die Länge der Staubblätter (relativ und absolut) sowie auf die Größe der Kelchzipfel. In ihrer geographischen Bindung ergeben diese Differenzen eine bemerkenswerte Konstellation: Im Nordwesten der iberischen Halbinsel findet man Stauden mit aufsteigenden, zylindrischen Synfloreszenzen, relativ kleinen, wenig zygomorphen, blauen Blüten mit lang herausragenden Stamina. Im Süden, Osten und Nordosten der iberischen Halbinsel, auf der Apenninen-Halbinsel und im Südwesten der Balkan-Halbinsel treten Winterannuelle mit $\pm$ lockeren Synfloreszenzen, relativ großen, stärker zygomorphen, violetten Korollen mit wenig herausragenden Stamina auf. In den nordmediterranen Gebirgen sind Bienne mit dichten Synfloreszenzen, mittelgroßen, stark zygomorphen, blauen Blüten mit verschieden-langen, $\pm$ herausragenden Stamina verbreitet. Letztere haben sich mit Hilfe des Menschen auch nach Mittel-, Nord- und Osteuropa, nach Asien und Nordamerika ausgebreitet und sind ihrerseits äußerst variabel (vgl. KLOTZ 1963). Die beiden letztgenannten Kleinsippen sind durch breite Übergangsbereiche morphologisch und geographisch miteinander verknüpft. Aufgrund der morphologischen Unterschiede und ihrer geographischen Bindung müssen hier 5 Sippen im Rang von Unterarten unterschieden werden.

Echium angustifolium kommt im östlichen und südlichen Mediterrangebiet (westlich bis Tunesien) vor. Seine geographisch-morphologische Differenzierung habe ich bereits 1962 a dargestellt. Unterschiede findet man in dieser Art in der Lebensform, im Habitus, in der Größe der Blüten und vor allem in der Behaarung der Achsen und Blätter. Karte 2 zeigt die geographische Verbreitung der wichtigsten Merkmalskombinationen. Die ostmediterranen Kleinsippen angustifolium und sericeum sind auf den Ägäischen Inseln und auf Kreta durch zahlreiche morphologische Übergänge miteinander verbunden. Die Bewertung der Kleinsippen erfolgte auf der Grundlage der morphologischen Differenzen und deren geographischer Bindung.

Echium humile tritt in den nordwestsaharischen Gebirgen und in den anschließenden Halbwüsten und Steppen auf. Es gehört in einen Sippenkomplex, der morphologisch stark differenziert ist. Die Differenzen erstrekken sich hauptsächlich auf die Lebensform, den Habitus, die Verzweigung und Beblätterung, die Behaarung der Achsen, Blätter und Kelchzipfel und den Umfang der Synfloreszenzen. In der Ausbildung der Korolle und des Androeceums sind kaum Unterschiede vorhanden. Die taxonomische Bewertung der einzelnen Sippen ist sehr kompliziert, weil einige von ihnen bereits den Anforderungen genügen, die an selbständige Arten zu stellen sind, andere dagegen morphologisch und geographisch besser als infraspezifische Taxa einzuordnen sind. Daß dabei zwei echte Grenzfälle existieren, kennzeichnet die ganze Problematik der Spezies – Subspezies – Relationen. Auf Karte 3 ist eine der Möglichkeiten realisiert, wobei *Echim suffruticosum* BARRATTE, *E. trygorrhizum* POMEL und *E. eriobotrium* POMEL 1874 (Syn.: *E. pycnanthum* POMEL 1876) als selbständige Arten angesehen und deshalb auf der Karte nicht erfaßt sind. Alle anderen Sippen sind *E. humile* DESF. als dem ältesten Binom subordiniert. COINCY (1902), JAHANDIEZ & MAIRE (1934) und SAUVAGE & VINDT (1954) hatten dazu sowohl taxonomisch als auch nomenklatorisch eine abweichende Meinung. JAHANDIEZ & MAIRE (1934) z. B. faßten in ihrem Cat. Plant. Maroc mit Ausnahme von *E. suffruticosum* und den Var. *fallax* und *subtrygorrhizum,* die sämtlich nicht in Marokko vorkommen, alle Sippen unter dem Binom *E. pycnanthum* POMEL zusammen. SAUVAGE & VINDT (1954) verfuhren in sehr ähnlicher Weise. Dazu ist zu bemerken, daß nicht ohne weiteres von der Hand zu weisen ist, die Subspez. *caespitosum Echium eriobotrium* anzuschließen. Es wäre auch durchaus vertretbar, *E. nanum* als selbständige Art anzusehen (wenn man die habituellen Unterschiede in den Vordergrund stellt). Letzteres reiht sich jedoch ohne Zwang morphologisch und geographisch der Folge von *E. humile*-Kleinsippen in den marokkanischen Gebirgen ein. Leider konnte ich erst einen Teil der Sippen in der Vergleichskultur beobachten, und die Frage nach der Rolle der Umwelt im Zustandekommen des Wuchstyps „Polster-Halbstrauch", der typisch für die Subspezies *nanum* und *caespitosum* var. *caespitosum* ist, kann noch nicht beantwortet werden.

Echium humile stellt ein interessantes Verbindungsglied zwischen den unter 4. und 5. charakterisierten Typen von Arten bzw. Artengruppen dar. In diesen Typ sind auch *E. sabulicolum* POMEL, *E. velutinum* COINCY und *E. tenue* ROTH einzuordnen (vgl. KLOTZ 1962 b, c), wobei *E. velutinum* ein Musterbeispiel einer morphologisch-geographisch differenzierten Art darstellt.

5. Geographisch isolierte, morphologisch wenig, aber deutlich unterschiedene Arten, die sich leicht kreuzen lassen und fertile Nachkommenschaften (F_1, F_2...) hervorbringen. Die einzelnen Arten gehören fast ausnahmslos dem unter 1. und 2. charakterisierten Typ an. Als Beispiele sind hier zu erwähnen:

– *E. horridum* BATT. und *E. rawolfii* DELILE.

Diese beiden Arten sind von allen anderen Echium-Sippen durch längliche bis spatelförmige Keimblätter und eine sehr kräftige, homomorphe Beborstung der Achsen differenziert. Voneinander unterscheiden sie sich durch eine verschiedene Oberflächengestaltung der Nüßchen (Klausen), durch die Größe, den Zygomorphiegrad und die Färbung der Korolle, Färbung der Filamente und der Basalteile der Höckerborsten sowie in der vorhandenen bzw. fehlenden Bereifung der Achsen. Karte 4 zeigt, daß *E. horridum* eine südwestmediterran – nordwestsaharische, *E. rawolfii* eine südostmediterran – ostsaharische Sippe ist (Angaben von *E. horridum* aus dem Westteil der arabischen Halbinsel – KHATTAB & EL HADIDI 1971 – bedürfen erst noch der Bestätigung!).

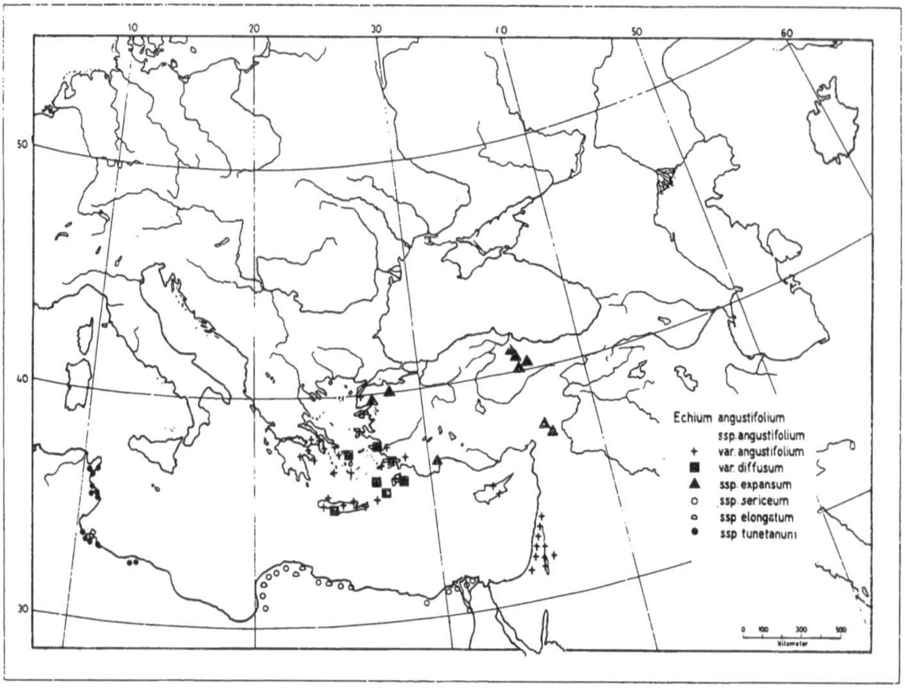

Karte 2. Differenzierung und geographische Verbreitung von *Echium angustifolium* MILLER

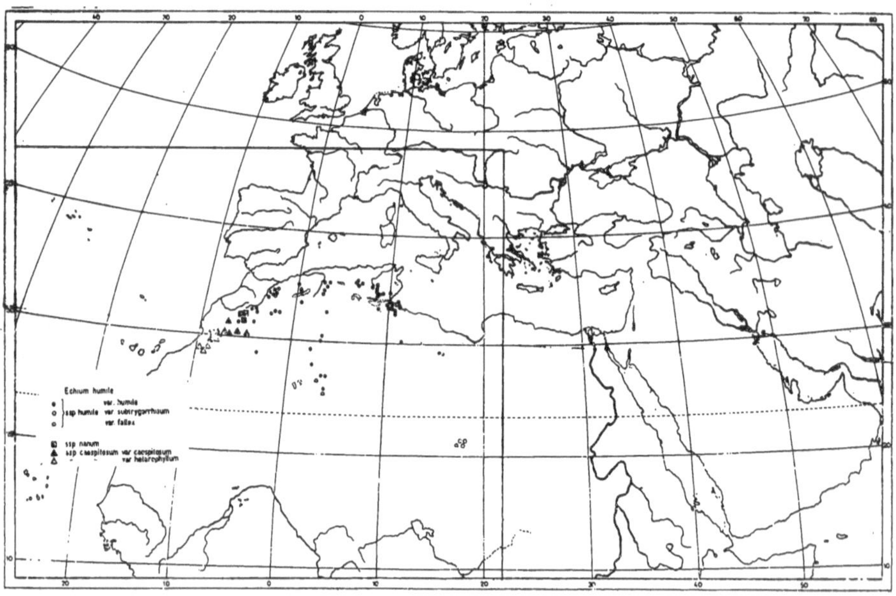

Karte 3. Differenzierung und geographische Verbreitung von *Echium humile* DESF.

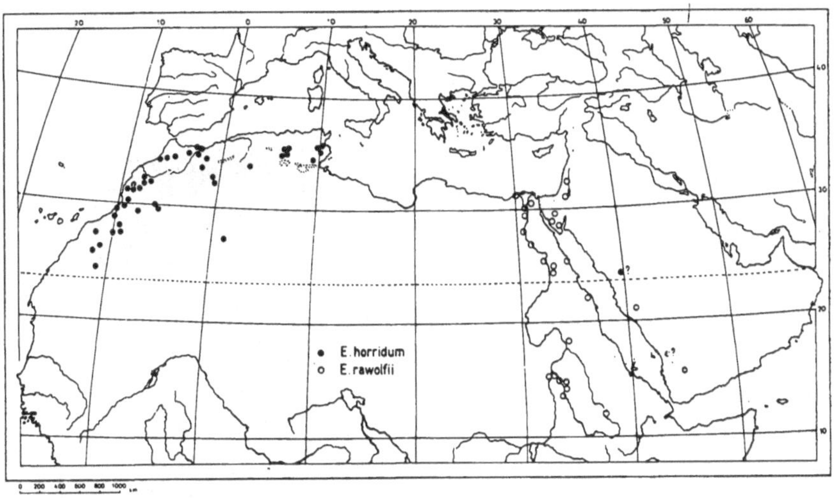

Karte 4. Geographische Verbreitung von *Echium horridum* BATT. und *Echium rawolfii* DELILE

In der Vergleichskultur erhielt ich durch Kreuzung von typischen, aus Standorts-Samenmaterial hervorgegangenen *E. rawolfii* (♀) X *E. horridum* (♂) eine größtenteils fertile F_1, die in die Blütenstrukturen *E. horridum* ähnlich (aber ziemlich polymorph) war (Abb. 2). In den Folgegenerationen, die ebenfalls teilweise fertil waren, spalteten sowohl die beiden Elternarten heraus als auch intermediäre Merkmalskombinationen. Obwohl damit die potentielle Kreuzbarkeit der beiden Sippen nachgewiesen ist, ist es nicht zu empfehlen, sie in einer Art zusammenzufassen, nicht nur, weil die morphologischen Differenzen den in der Gattung sonst geltenden Maßstäben für die Unterscheidung zweier Arten entsprechen, sondern weil sich sonst katastrophale Folgen für die Taxonomie und Nomenklatur der auf den Kanarischen Inseln vorkommenden *Echium*-Arten und für zahlreiche Arten anderer Gattungen, die sich ebenfalls kreuzen lassen, ergeben würden.

– *E. candicans* L. fil., *E. molle* POIRET, *E. bicolor* WEBB, *E. webbii* COINCY, *E. hierrense* WEBB ex BOLLE.

Die auf den Kanarischen Inseln und auf Madeira verbreitete Artengruppe war im 18. und zu Beginn des 19. Jahrhunderts auf Grund ihrer Verteilung auf die einzelnen Inseln deutlich morphologisch differenziert und leicht taxonomisch zu fassen. *Echium candicans* war auf Madeira und die NO-Spitze der Insel Tenerife, *E. molle* auf die Südseite Tenerifes, *E. bicolor* auf die Nordseite Tenerifes, *E. webbii* auf La Palma und *E. hierrense* auf Hierro beschränkt. Die Sippen von Madeira und Tenerife wurden Ende des 18. und zu Beginn des 19. Jahrhunderts mehrfach über Spanien, Frankreich und England in Kultur gebracht. Wie man aus den bis 1820 veröffentlichten Beschreibungen entnehmen kann, hatte sich bis zu diesem Zeitpunkt bereits

Abb. 2. Blüten von *Echium rawolfii* DELILE (links oben), *Echium horridum* BATT. (rechts oben) und des Bastards zwischen diesen Arten.

eine unentwirrbare Fülle von Merkmalskombinationen in den Botanischen Gärten entwickelt, und es war unmöglich, diese exakt den Ausgangssippen zuzuordnen. Dieselbe Situation bildete sich mit der steigenden Beeinflussung der Flora und Vegetation durch den Menschen auf der Insel Tenerife heraus.

Nach meinen seit 1950 gesammelten Erfahrungen kreuzen sich alle genannten Arten und Schwierigkeiten und geben fertile Nachkommenschaften. Dabei kann man sehr aufschlußreiche Beobachtungen über das Verhalten der artspezifischen Merkmale machen. Die Verteilung der Arten über die Inseln und die erhaltengebliebene Kreuzbarkeit lassen den Schluß zu, daß

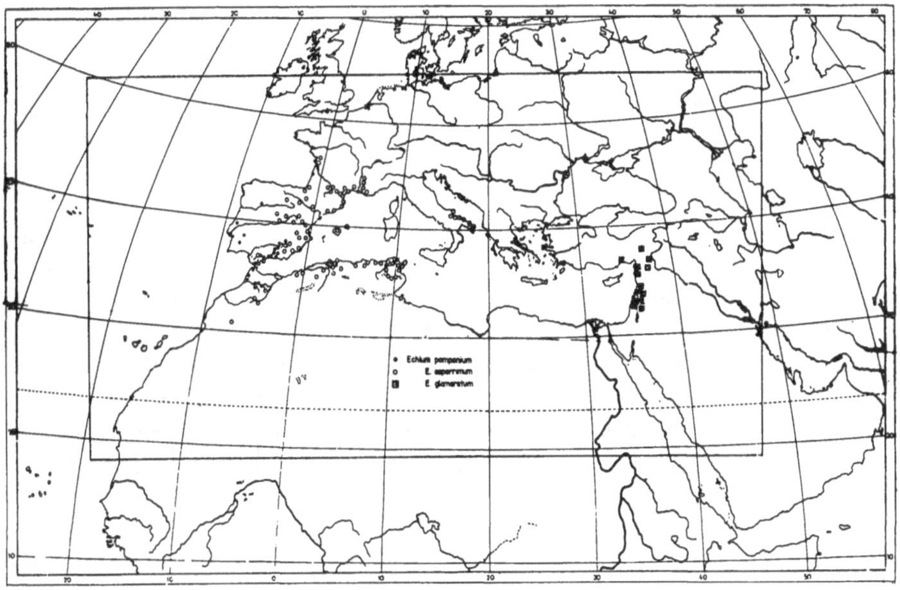

Karte 5. Geographische Verbreitung von *Echium pomponium* BOISS., *Echium asperrimum* LAM. und *Echium glomeratum* POIR.

die Entstehung und weitere Ausprägung der morphologischen Differenzen sich hier in direkter Abhängigkeit von der Lage des Areals und der damit gegebenen geographischen Isolierung vollzogen hat. Obwohl seit einigen Dezennien von Jahrmillionen voneinander isoliert, haben sie ihre Kompatibilität nicht verloren. Trotz dieser eindeutigen Situation sehe ich keinen Anlaß, alle genannten Sippen zu einer Art zusammenzufassen.

– *E. asperrimum* LAM., *E. pomponium* BOISS., *E. glomeratum* POIR.

An der Eigenständigkeit dieser 3 Sippen ist bisher noch nie gezweifelt worden, obwohl sie sich morphologisch sehr nahe stehen und Einzelblüten kaum unterschieden werden können. Die morphologischen Differenzen erstrecken sich auf den Habitus (*E. asperrimum: E. pomponium – E. glomeratum*), die

Behaarung und Form der Vorblätter (*E. pomponium* : *E. asperrimum* – *E. glomeratum*), und die Behaarung der Insertionsstellen der Stamina und der Basalteile der Filamente (*E. glomeratum* : *E. asperrimum* – *E. pomponium*). Karte 5 zeigt die geographische Bindung der Arten. Die Differenzen in der Blütenmorphologie (*E. pomponium* und *E. asperrimum* stehen sich darin am nächsten) finden in der geographischen Verbreitung eine beachtliche Parallele.

Offensichtlich handelt es sich hier um einen Verwandtschaftskreis, der einst in ähnlicher Weise wie *E. italicum* (vgl. S. 141/2) differenziert war, dessen kontinuierliches Areal aber im Zuge der Entwicklung der Meer-Land-Verteilung in der Nordmediterraneis zerteilt wurde. Über das Verhalten von *E. asperrimum* und *E. pomponium* im Überschneidungsgebiet ihrer Areale (in Nordwest-Algerien) liegen mir keine Informationen vor. Dazu und insbesondere zu den zytologischen Verhältnissen in dieser Artengruppe sind weitere Studien im natürlichen Verbreitungsgebiet und in der Vergleichskultur erforderlich.

Alle 3 der unter 5 genannten Artengruppen sind anschauliche Beispiele für die taxonomische Kategorie der Series.

6. Geographisch isolierte, nahe verwandte Arten, die sich kreuzen lassen, aber dabei nur ausnahmsweise fertile Nachkommenschaften hervorbringen.

Als Beispiele für diesen Typ sind *E. gaditanum* BOISS. aus dem Westteil der iberischen Halbinsel und *E. vulgare* L. (vgl. S. 143/4) sowie *E. gaditanum* und das westmediterrane *E. spinescens* MEDICUS zu nennen. Alle 3 Sippen sind untereinander morphologisch und geographisch ± differenziert. Die in der Vergleichskultur erzielten Hybriden waren stark polymorph und größtenteils steril (Pollenkörper z. B. 50–100% steril!). Besonders auffallend waren die Differenzen in der Lebensform (Stauden bis Annuelle), in der Größe und Form der Korolle sowie in der Länge und Behaarung der Filamente und in der Größe der Antheren (letzteres in Abhängigkeit vom Sterilitätsgrad des Pollensackinhalts!). Aus dem natürlichen Verbreitungsgebiet konnten entsprechende Kreuzungsprodukte noch nicht mit Sicherheit identifiziert werden (obwohl partiell pollensterile und vollkommen sterile Pflanzen bzw. Blüten sowohl bei *E. gaditanum* als auch bei *E. vulgare* nicht selten sind!).

7. Morphologisch relativ stark unterschiedene Arten, die sich kreuzen lassen, wobei partiell fertile Nachkommenschaften entstehen. In der F_2 sind die artspezifischen Merkmale zum Teil neu kombiniert. Die F_3 ist zum Teil morphologisch einheitlich, zum Teil spaltet sie stark auf.

Als Beispiele sind hier *E. onosmoefolium* WEBB und *E. wildpretii* PEARSON, *E. onosmoefolium* und *E. pininana* WEBB & BERTH. sowie *E. simplex* DC. und *E.* x *hybridum* (= *E. wildpretii* x *E. pininana*) zu erwähnen. Aufgrund der geographischen Isolierung der genannten Arten wurden solche Kreuzungen bisher nur aus der Kultur bekannt. Eventuell ist aber *E. callithyrsum* WEBB ex BOLLE, das bisher nur von der Cumbre de Tenteniguada bekannt ist und nur in einem Fall (BOURGEAU, Pl. Can. Nr. 432; P) fertile Blüten besitzt, Ergebnis einer Kreuzung *E. onosmaefolium* x *E. strictum* L.

fil. Eine ähnliche Interpretation liegt bei *E. exasperatum* WEBB ex COINCY im Bereich des Möglichen.

8. Deutlich unterschiedene, ± nahe verwandte, sympatrische Arten, die sich nicht kreuzen lassen. Hierzu gehören praktisch alle jene Arten, deren Areale sich partiell decken und die im Überschneidungsgebiet zusammen an einem Standort auftreten. *Echium italicum* und *E. vulgare, E. vulgare* und *E. russicum, E. vulgare* und *E. asperrimum, E. asperrimum* und *E. spinescens* sowie *E. arenarium* GUSS., *E. parviflorum* MOENCH und *E. sabulicolum* POMEL sind als Beispiele zu nennen. Zu den letztgenannten 3 Arten ist allerdings zu bemerken, daß erst nach Aufklärung des Entstehungsmodus der als *E. sieberi* LOJACONO und *E. spurium* LOJACONO benannten Merkmalskombinationen Endgültiges gesagt werden kann.

Die vorstehend kurz charakterisierten Verhältnisse in der Gattung *Echium* demonstrieren sehr deutlich, daß das, was wir als Art auffassen und deshalb binär benennen, in vieler Beziehung sehr ungleichwertig ist. Zwar kann man diese Ungleichwertigkeit zum großen Teil damit in Verbindung bringen, daß sich die Spezies in verschiedenen Entwicklungsstadien befinden bzw. daß ihre Ausgangspositionen sehr verschieden sind; aber gerade dies ist ja das Kardinalproblem bei der nomenklatorischen Fixierung der Sippen auf dem Niveau der Subspezies, der Spezies und der Series. Subspezies werden in der natürlichen Entwicklung zu Spezies, Spezies zu Series und bei Erhaltung der Kreuzbarkeit ist dieser Prozeß in besonders gelagerten Fällen sogar reversibel! Zur Lösung dieses Problems gibt es bis heute weder eine befriedigende Theorie noch eine klare methodische Anleitung, obwohl bestimmte methodische Ansätze einer quantitativen Erfassung bereits erkennbar sind. In der praktischen taxonomischen Arbeit bleibt die Lösung letzten Endes dem Monographen bzw. dem Bearbeiter überlassen. Die „biologische Artkonzeption" von MAYR hilft uns hier auch nicht weiter.

Ich möchte in diesem Zusammenhang nicht versäumen darauf hinzuweisen, daß es immer wieder Tendenzen gibt, die natürlichen Verhältnisse der Nomenklatur unterzuordnen. Dazu ist zu bemerken, daß die Einordnung der Sippen in die taxonomischen Kategorien und ihre Benennung immer nur der Widerspiegelung der natürlichen Verhältnisse zum Ziel haben kann und daß wir möglichst nicht versuchen sollten, hinlänglich bekannte Unterschiede durch eine einheitliche Nomenklatur zu verdecken. Ich denke dabei vor allem an die Bestrebungen, die in der Kultur neu entstandenen Sippen formal-nomenklatorisch genau so zu behandeln wie die Wildsippen.

Betrachten wir nun die Verhältnisse in einer a p o g a m e n Abstammungsgemeinschaft. Im Zuge des Biontenwechsels erfolgt hier weder eine Chromosomenpaarung noch eine Syngamie, so daß die natürliche Variabilität der DNS in der Entwicklung unmittelbar in der Polymorphie der Sippen zum Ausdruck kommt und nur durch die Selektion eingeschränkt wird. Hier erfolgt kein Genaustausch, und wenn man die Beziehungen zwischen den

Gliedern einer Population in einem historischen Schnitt darstellt, dann ergibt sich keine netzförmige Verknüpfung der Ahnenreihen wie im Fall der Allogamie, sondern ± parallele oder divergierende Linien. Die weitgehende Gleichsinnigkeit bzw. Parallelität der Differenzierung und Entwicklung ist in diesem Fall vor allem auf die Eigenheit der DNS und des Transskriptionssystems, in den wesentlichen Bereichen relativ stabil zu sein, und auf die Übereinstimmung der Selektionsfaktoren zurückzuführen.

Das praktische Ergebnis dieser Situation ist, daß alle kleinen Veränderungen erhalten bleiben, soweit sie nicht durch Selektionsprozesse eliminiert werden. Auf diesem Wege kommt eine Vielzahl graduell abgestufter oder kontinuierlicher Merkmalsreihen zustande, die letzten Endes eine häufig unübersehbare Fülle von Merkmalskombinationen ergeben. Als Beispiel für Abstammungsgemeinschaften mit ± verbreiteter Apogamie sind die Gattungen *Alchemilla, Potentilla, Rubus, Sorbus, Crataegus* und *Hieracium* allgemein bekannt. Ich beschäftige mich seit etwa 20 Jahren mehr oder weniger intensiv mit der Gattung *Cotoneaster*, und auch in dieser Sippe ist Apogamie relativ häufig (vgl. HJELMQUIST 1962). Apogamie tritt hier auf der tetraploiden und vor allem auf der triploiden Stufe auf, während die diploiden und ein großer Teil der tetraploiden Sippen bzw. Pflanzen sich allogam fortpflanzen. Nach den vorliegenden Beobachtungsergebnissen ist es sehr wahrscheinlich, daß auch als apogam bekannte Sippen sich teil- oder zeitweise allogam fortpflanzen. Darauf weisen vor allem die häufigen intermediären Merkmalskombinationen hin.

Zum besseren Verständnis der heute von mir vertretenen Meinung über die Situation in der Gattung *Cotoneaster* möchte ich einen kurzen Überblick über die historische Entwicklung meiner *Cotoneaster-Studien* geben. Dabei möchte ich drei Phasen unterscheiden: In der ersten Phase galten meine Bemühungen der Fixierung der bis dahin binär benannten Sippen an Hand der nomenklatorischen Typen, der Originalbeschreibungen und kultivierten Materials. Die 1957 gegebene „Übersicht über die in Kultur befindlichen Cotoneaster-Arten und -Formen“ war das Ergebnis dieser Bemühungen. Exakt definierte und gut abgegrenzte Einzelsippen im Artrang ergaben sich aus diesen Studien.

In der zweiten Phase wandte ich mich der Bearbeitung einzelner Verwandtschaftskreise zu, wobei umfangreiche Herbarstudien, die Kultur zahlreicher Orginal-Herkünfte, ausgedehnte Exkursionen und Beobachtungen im natürlichen Verbreitungsgebiet, zytologische Studien, Kreuzungsversuche und die Anwendung numerischer Methoden zur Erfassung und Gliederung der Formenmannigfaltigkeit in den Mittelpunkt traten.

Die Verwischung der Grenzen fast aller der ehemals gut charakterisierten Arten und die Erkenntnis mehrerer großer Variabilitätsbereiche mit Merkmalsdifferenzierungen vergleichbar den Sektionen in anderen Abstammungsgemeinschaften, das waren die wichtigsten Ergebnisse der zweiten Phase.

In der dritten Phase wandte ich mich schließlich der Aufklärung der

Substruktur dieser Variabilitätsbereiche und ihrer wechselseitigen Beziehungen zu. Die Erkenntnis von Merkmalskombinations-Komplexen, die durch relativ schmale Übergangsbereiche miteinander verknüpft sind und in ihrer Differenzierung deutliche Beziehungen zur geographischen Verbreitung zeigen, war das erste Ergebnis dieser Phase. Die daraus folgende Frage zielte auf die Verknüpfung dieser Strukturen mit dem herkömmlichen Kategoriensystem, vor allem auf die Festlegung des Niveaus der Grundeinheit dieses abgestuften Ähnlichkeitssystems, die binär benannt und damit als Art gekennzeichnet wird. Für die Entscheidung in dieser Frage waren vier Gesichtspunkte ausschlaggebend:

1. die Einheitlichkeit des morphologischen Querschnitts;
2. die Geschlossenheit des Areals;
3. die Variabilität der Merkmalskombination über mehrere Generationen, ermittelt in der Vergleichskultur;
4. die Breite der individuellen Variabilität, ebenfalls in der Vergleichskultur, aber auch im natürlichen Verbreitungsgebiet und am Herbarmaterial ermittelt.

Aus diesen Indizien kann mit einiger Sicherheit die Einheit der Abstammung abgeleitet werden.

Auf der Grundlage der genannten 4 Gesichtspunkte und unter Beachtung der Struktur der nächsthöheren Kategorie gelangt man zu relativ eng umgrenzten, kleinen Einheiten, die eindeutig definiert sind und durch die binäre Benennung als Spezies charakterisiert werden. Für die Entscheidung, dieses Niveau der Ähnlichkeitshierarchie als das Spezies-Niveau anzunehmen, wurden auch praktische Erwägungen herangezogen: Es ergeben sich daraus die einfachsten nomenklatorischen Verhältnisse, d. h. keine Mammut-Arten mit einer Vielzahl von Unterarten, sondern binär benannten Sippen, die zu Series zusammengefaßt werden. Da sich einerseits weder die Sippen des einen noch die des anderen Niveaus generell miteinander kreuzen lassen, andererseits aber in Ausnahmefällen verwandtschaftlich relativ weit entfernte Sippen sich kreuzen und die Bastarde fertile Nachkommenschaften (Apomixis!) hervorbringen (vgl. KLOTZ 1966, 1970), erübrigt sich hier eine Diskussion über die Universalität der „biologischen“ Artkonzeption MAYRs.

Die soeben allgemein charakterisierte Situation in der Gattung *Cotoneaster* sei an zwei konkreten Beispielen kurz demonstriert:

Die immergrünen, kleinblättrigen *Cotoneaster* mit spiralig angeordneten Blättern, mit ein- bis wenigblütigen Infloreszenzen, mit Blüten, die ausgebreitete, weiße, oberseits kahle Petalen, weiße Filamente und purpurrote Antheren haben, aus denen kugelige, rote Sammelfrüchte mit meist 2 Nüßchen hervorgehen, heben sich als natürlicher Verwandtschaftskreis deutlich von allen anderen *Cotoneaster*-Sippen ab. Ihrer Zusammengehörigkeit wurde bereits im vorigen Jahrhundert nomenklatorisch Ausdruck verliehen (vgl.

KLOTZ 1964): Sect. *Alpigeni* KOCH. Die *Alpigeni* umfassen mehrere Variabilitätsbereiche (Series), die in Abhängigkeit von der ökogeographischen Verbreitung mehr oder weniger differenziert sind, z. B. die südindisch-südwestchinesischen *Buxifolii,* die zentral- und westhimalaiischen *Rotundifolii* und die osthimalaiischen *Conspicui.* In den meisten Fällen ist es in diesen Series zur Ausbildung von Sippen gekommen, die durch Spalierwuchs oder durch sehr kleine Blätter ausgezeichnet sind. Während in den meisten Series nur einzelne spalierwüchsige Arten auftreten, ist die Tendenz zum Spalierwuchs bei den Procumbentes extrem ausgeprägt. Diese Spaliersträucher sind sich äußerlich sehr ähnlich, ihre systematische Stellung läßt sich aber an den Blattstrukturen der Jungpflanzen eindeutig erkennen.

Die als Arten benannten *Alpigeni*-Sippen bleiben in der Vergleichskultur unverändert, d. h. daß z. B. *C. microphyllus* LINDL., *C. rotundifolius* LINDL., *C. cochleatus* KLOTZ, *C. conspicuus* MARQ. oder *C. integrifolius* KLOTZ, *C. prostratus* BAKER, *C. cashmiriensis* KLOTZ, *C. procumbens* KLOTZ über viele Generationen immer als solche zu erkennen sind. Der zentral-himalaiische *C. rotundifolius* z. B., der bereits um 1820 eingeführt und 1828 von LINDLEY beschrieben und abgebildet wurde, hat sich seit dieser Zeit nicht merklich verändert.

Da bei den *Alpigeni* die diploide und tetraploide Stufe weit verbreitet sind (vgl. KLOTZ 1968), bastardieren einige Arten gelegentlich, und diese Bastarde sind voll fertil. Die F_2 ist dann meist sehr polymorph.

Als zweites Beispiel möchte ich die Sect. *Acutifolii* nennen, die ich unlängst (KLOTZ 1973) ausführlich diskutiert habe. Auch hier sind die Merkmalskombinations-Komplexe, die ich als Series gewertet habe, deutlich erkennbar, im Gegensatz zu den *Alpigeni* in den Grenzbereichen aber häufiger miteinander vernetzt. Die *Adpressi, Horizontales, Distichi, Verruculosi, Sanguinei, Strigosi* u. a. sind in ähnlicher Weise differenziert wie die *Alpigeni*-Series. Die in Kultur genommenen zahlreichen Herkünfte, die zum Teil nur geringfügig unterschieden sind, zeigen über Generationen hinweg dieselbe Beständigkeit in den Merkmalen und in deren Kombination, wie sie schon bei den *Alpigeni* erwähnt wurde. Die Formendichte ist bei den meisten *Acutifolii*-Series allerdings bedeutend höher als bei den *Alpigeni,* eine Erscheinung, die mit der häufigeren Apomixis unmittelbar verknüpft ist.

In der systematischen Bewertung der *Cotoneaster*-Sippen sind bis in die neueste Zeit immer wieder beachtliche Diskrepanzen aufgetreten. Während die einen „Arten" sehr weit gefaßt wurden (z. B. *C. microphyllus* LINDLEY, *C. acutifolius* TURCZ., *C. racemiflorus* BOOTH ex BOSSE) und dann mehrere Unterarten und Varietäten enthielten, waren andere sehr eng umgrenzt (z. B. *C. insignis* POJARK. = *C. lindleyi* auct. plur.); andere wurden ohne weitere Aufgliederung geführt, obwohl sie ähnlich reich differenziert sind wie die erstgenannten (z. B. *C. acuminatus* LINDLEY, *C. bacillaris* LINDLEY, *C. franchetii* BOIS). Andererseits sind verschiedene Autoren in mehreren Fällen inkonsequent in der systematischen Bewertung der Kleinsippen verfahren, oder sie weichen in der Bewertung insofern voneinander ab, daß die „Art" des einen nur eine Varietät beim anderen Autor ist. Eine wichtige Aufgabe bestand deshalb darin, nach einem einheitlichen Grundprinzip zu verfahren.

Ich hoffe, daß aus meinen Ausführungen deutlich geworden ist, daß die These von der Universalität der Artkonzeption dringend weiterer Diskussionen bedarf. Einseitige Verallgemeinerungen, als solche betrachte ich auch die „biologische Artkonzeption" von E. MAYR, führen nicht zu einer befriedigenden Lösung des Problems. Es ist dringend notwendig, die in den einzelnen Abteilungen und Klassen, ja sogar in den einzelnen Familien und Gattungen praktizierten Artkonzeptionen kritisch miteinander zu vergleichen, um zu einer Übersicht zu kommen. Ich fürchte, daß dabei die Universalität weniger in einer allgemeinen Theorie, sondern mehr in der Praxis zum Ausdruck kommt, die Beziehung zwischen Allgemeinem und Besonderem im Bereich der Organismen nomenklatorisch zu fixieren; auf jeden Fall wird eine polythetische Artkonzeption größere Aussichten auf eine weitgehende Anerkennung haben als eine einseitig ausgerichtete.

Literaturverzeichnis

COINCY, DE, A., Revision des Espèces critiques du genre *Echium*. J. Bot. Morot, *16* (1902 a).

–, Enumeration des *Echium* de la Flore Atlantique. Ibid. (1902 b).

HJELMQUIST, H., The Embryo Sac Development of some *Cotoneaster* Species. Bot. Notiser, *115*, 208–236 (1962).

JAHANDIEZ, E., & MAIRE, R., Catalogue des Plantes du Maroc. Algier, 1934.

KHATTAB, A., & EL HADIDI, Results of a Botanic Expedition to Arabia 1944–1945. Publ. Cairo Univ. Herbarium No. 4 (1971).

KLOTZ, G., Übersicht über die in Kultur befindlichen *Cotoneaster*-Arten und -Formen. Wiss. Z. Univ. Halle, Math., *6*, 945–982 (1957).

–, Die in der UdSSR vorkommenden *Echium*-Arten. Wiss. Z. Univ. Halle, Math., *9*, 363–378 (1960).

–, Zur Systematik und Nomenklatur einiger *Echium*-Arten. I, II, III. Wiss. Z. Univ. Halle, Math., *11*, 293–302; 703–711; 1087–1104 (1962 a, b, c).

–, Die *Echium*-Arten der ČSSR. Wiss. Z. Univ. Halle, Math., *12*, 137–142 (1963).

–, Neue oder kritische *Cotoneaster*-Arten. II. Wiss. Z. Univ. Halle, Math., *12*, 769–786; IV. ibid., *15*, 847–855 (1964).

–, Zur zytologischen Struktur der Gattung *Cotoneaster* MEDIC. Wiss. Z. Univ. Jena, Math., *17*, 349–353 (1968).

–, Die Hybridisation, ein wichtiger Evolutionsfaktor in der Gattung *Cotoneaster* MEDICUS. Wiss. Z. Univ. Jena, Math., *19*, 329–344 (1970).

–, Neue oder kritische *Cotoneaster*-Arten VII. Wiss. Z. Univ. Jena, Math., *21*, 979–1021 (1973).

LÖTHER, R., Die Beherrschung der Mannigfaltigkeit. Jena, 1972.

MAYR, E., Artbegriff und Evolution. Berlin—Hamburg, 1967.
STEBBINS, G. L., Processes of Organic Evolution. New Jersey, USA, 1966.

Anschrift des Verfassers: Professor Dr. habil. GERHARD KLOTZ, Friedrich-Schiller-Universität, Sektion Biologie, AG Phytotaxonomie, Herbarium Haussknecht, 69 Jena. DDR.

Diskussion

DOLL, Gülzow

Es freut mich, daß Herr Prof. KLOTZ den Apomikten den Artstatus zugesteht. Allerdings merkte ich im Laufe seines Vortrags, daß wir hinsichtlich des Wesens der apomiktischen Arten doch nicht ganz einer Meinung waren. Ich halte es nicht für statthaft, apomiktische Sippen wie sexuelle zu behandeln, da sie infolge der Apomixis eine abweichende Entstehung und Evolution zeigen. Die Apomixis ist der zweite große Reproduktionsmodus im Pflanzen- und Tierreich und besitzt eine erhebliche Bedeutung. Bei den Pflanzen kommt Apomixis nach groben Schätzungen in über 20% aller Fälle vor, bei den Tieren nur bei etwa 10%. Ich bearbeite die Gattung *Taraxacum*, die ebenfalls zum größten Teil temporär obligat apomiktisch ist. Auf Grund meiner Ergebnisse glaube ich, daß wir den Apomikten den Artstatus bzw. Kleinartstatus zubilligen müssen, da die Apomikten wie die sexuellen Arten Träger und Stadien der Evolution sind. In neuester Zeit wurde von verschiedenen Autoren wahrscheinlich gemacht, daß es wohl keine totalen obligaten Apomikten gibt, sondern nur partielle oder fakultative Apomikten existieren. In allen bisher bekannten apomiktischen Abstammungsgemeinschaften gibt es Ancestoren, die diploid und meist sexuelle sind. Auf diesen „Säulen" baut sich dann ein „Gerüst" auf, ein „Überbau" aus polyploiden und apomiktischen Sippen. Diese Apomikten haben niemals die Fähigkeit der Sexualität bzw. sich sexuell fortzupflanzen verloren. Das ist in mannigfachen Kreuzungsversuchen nachgewiesen worden. Ich erinnere nur an die Versuche von CLAUSEN, LILJEFORS, MÜNTZING, RAUNKIAER, RICHARDS, RUTISHAUSER, MALECKA bei *Taraxacum, Hieracium, Sorbus, Crataegus, Potentilla* u. a.

Die Entwicklung verläuft in apomiktischen Abstammungsgemeinschaften von diploiden sexuellen Arten zu polyploiden apomiktischen Sippen. In der Gattung *Taraxacum* ist es so, daß die diploiden Ancestoren sexuell sind. Es existieren jetzt etwa in dieser Gattung 50—60 sexuelle Arten, auf denen sich ein „Gerüst" von polyploiden Apomikten aufbaut. Diese Apomikten sind bei *Taraxacum* meist triploid, seltener tetra- und höher polyploid.

Es zeigte sich in vielen Gattungen, daß sich diese polyploiden Apomikten auf ein bestimmtes Ploidieoptimum einpendeln, das nicht allzu hoch liegt (triploid bis pentaploid, selten höher), z. B. bei *Taraxacum, Hieracium, Crataegus, Ranunculus, Potentilla.*

In der Abgrenzung der Kleinarten gibt es zuweilen Schwierigkeiten, da die unterscheidenden Merkmale oft gering und klein sind. Hier bleibt die Abgrenzung dann oft etwas subjektiv und künstlich. Aber diese „Abgrenzungsschwierigkeiten" haben wir natürlich auch bei den sexuellen Arten; sie läßt sich nicht immer vermeiden.

KLOTZ, Jena
Ich hatte in meinem Vortrag zum Ausdruck gebracht, daß in der Gattung *Cotoneaster* sowohl Allogamie als auch fakultative und obligate Apomixis auftreten. Die fakultativ apomiktischen Sippen machen in der taxonomischen Arbeit die größten Schwierigkeiten. Entgegen der Meinung von Herrn DOLL möchte ich sagen, daß es nach meinen Beobachtungen und Erfahrungen in der Gattung *Cotoneaster* obligat apomiktische Arten gibt. Den Ausdruck „absolut apomiktisch" möchte ich vermeiden, denn aus der Erfahrung wissen wir, daß es in der Organismenwelt kaum etwas gibt, was in seiner Verbreitung oder Bedeutung oder Dauer nicht eingeschränkt ist.

HANELT, Gatersleben
Ich verstehe nicht ganz die Polemik über den biologischen Artbegriff von MAYR. Natürlich ist MAYR als Ornithologe in erster Linie mit den zoologischen Verhältnissen vertraut und die Fassung und die Anwendung dort bezieht sich eben vorwiegend auf höhere Wirbeltiere. Von STEBBINS, und zwar in dem auch bei uns in Übersetzung vorliegendem Buch über Evolutionsprozesse, ist aber dieser biologische Artbegriff etwas auf die anders liegenden Verhältnisse bei den Pflanzen zugeschnitten. Alle die Fälle, die vorgestellt wurden in der Gattung *Echium* und die scheinbar gegenüber dem strengen biologischen Artbegriff von MAYR verstoßen, würden nach den Ausführungen von STEBBINS durchaus auch als Arten anzuerkennen sein. Dann darf man meines Ermessens nicht außer acht lassen, daß das Kriterium der reproduktiven Isolierung, das vom biologischen Artbegriff ja in den Vordergrund gestellt wird, nicht nur zugeschnitten ist auf Kreuzbarkeit oder Nicht-Kreuzbarkeit. Es kommt in erster Linie darauf an, daß ein Genaustausch verhindert wird, wie ist an und für sich gleichgültig. Das kann durch räumliche Isolierung passieren, durch jahreszeitliche, durch blütenbiologische, aber auch durch genetische im engeren Sinne, also vielleicht durch mangelnde Kreuzbarkeit. Insofern ist eigentlich der biologische Artbegriff schon polythetisch, wie das zuletzt von Ihnen gefordert wurde. Daß er natürlich für manche Pflanzengruppen, wie für die Apomikten, nicht anwendbar ist, ist klar und aus der Klemme hat uns etwas der evolutionistische Artbegriff geholfen, der gestern von Professor VENT referiert wurde.

RÄNDEL, Berlin
Im Referat von Herrn Professor KLOTZ werden verschiedene Gruppen von Arten in bezug auf ihre Variabilität aufgeführt. Unter anderem gibt es danach

einerseits Arten, die in Abhängigkeit vom Areal geringfügig variieren. In der Vergleichskultur tritt diese Variation nicht auf. Andererseits gibt es Arten, die morphologisch stärker variieren, wobei diese Variation in der Vergleichskultur erhalten bleibt. Wie müssen diese morphologischen Variationen jeweils taxonomisch bewertet werden?

Nach ZAVADSKIJ 1961 soll man innerhalb der Art keine Varietäten aufstellen, weil man von vornherein nicht weiß, ob die vorgefundenen morphologischen Abweichungen phänotypisch bedingt oder genetisch fixiert sind. Man weiß also zunächst nicht, ob diese Abweichungen in der Vergleichskultur erhalten bleiben oder nicht. Stimmen Sie mit der Forderung ZAVADSKIJs überein?

Wie bewerten Sie das Vorkommen verschiedener Chromosomenzahlen in ein und derselben Sippe? Kann man nach Ihrer Meinung Arten, die verschiedene Chromosomenzahlen in sich vereinen, akzeptieren?

KLOTZ, Jena

Zur ersten Frage hatte ich an und für sich recht klar gesagt, daß es sich im ersten Fall um eine Sippe handelt, die polymorph ist, bei der aber die Abweichungen im Gesamtareal auftreten. Diese Abweichungen erweisen sich in der Einzelvergleichskultur als gefestigt, d. h. als genetisch fixiert; in der Mischkultur werden sie aber eingeschmolzen. Diesen Abweichungen habe ich keinen taxonomischen Wert zugebilligt, weil sie in der Natur zwar ständig auftreten, aber auch immer wieder verschwinden, letzten Endes also nicht realisiert werden.

Im zweiten Fall, wo geringfügige Abweichungen (ich hatte auf die Habitusdifferenzen hingewiesen) kombiniert sind mit einer geographischen Differenzierung, aber in breiten Übergangsräumen miteinander verknüpft sind, hatte ich mich für die Varietät entschieden. Die Unterschiede sind einfach zu gering, um das rangmäßig höher einzustufen, vor allen Dingen auch deswegen, weil sich Mischpopulationen herausbilden, in denen diese Habitusdifferenzen nach Belieben auftreten.

Auf den zweiten Teil Ihrer ersten Frage hatte ich schon geantwortet. Ich habe in der Vergleichskultur jeweils geprüft, ob die Unterschiede genetisch fixiert sind oder nicht, und häufig auch, wie sich die geringfügigen Unterschiede bei Kreuzungen verhalten.

Die zweite Frage ist mehrfach diskutiert worden; darauf gibt es eine klare Antwort, daß, wenn allein die Chromosomenzahl abweicht und keine weiteren Eigenschaften dazu kommen, wir wohl auf keinen Fall eine Trennung im spezifischen Rang vornehmen können, wenn aber diese Unterschiede im Chromosomenbereich begleitet werden von morphologischen Differenzen, dann ist es sicherlich eine Frage der Bewertung dieser morphologischen Differenzen, welchen Rang man dem Unterschied zubilligt, d. h. ob man sie im Subspeziesrang oder einem anderen Rang bewertet. Für alle Zweifelsfälle möchte ich empfehlen, es immer so zu halten, wie ich es bei den *Echium*-Arten und bei

Cotoneaster gemacht habe, d. h. mit der Vergleichsstruktur nachzuweisen, ob tatsächlich eine genetische Differenz vorliegt oder nicht, wobei dieses Verfahren sehr zeitaufwendig ist. Die Effektivität muß in solchen Fällen sicherlich gegen den Aufwand abgewogen werden. Wenn sich der Aufwand vertreten läßt, kann man es sicherlich so machen; wenn er sich nicht vertreten läßt, muß man die Frage irgendwie (positiv oder negativ) entscheiden.

Die apomiktische Art und ihre Beziehung zur Evolution

REINHARD DOLL

Der Begriff der Art wurde als fundamentale Einheit schon sehr früh in der Biologie benutzt. Er hat eine lange Geschichte und machte verschiedene geistige Umwälzungen durch, ohne seine Bedeutung zu verlieren. Wir gehen heute von einer Artauffassung aus, die besagt, daß Arten nicht nur Klassen von organismischen Individuen sind, mit Merkmalen, die sie von anderen Klassen organismischer Individuen unterscheiden, sondern raum-zeitlich organisierte, materielle, ganzheitliche, überorganismische Systeme, die entstehen, sich entwickeln und vergehen, und die eine besondere Strukturebene der lebenden Natur bilden (vgl. LÖTHER 1972).

Als bedeutender zeitgenössischer Vertreter der Auffassung von der Art gilt MAYR (1963). Er nennt seine Auffassung die „biologische Artkonzeption" im Unterschied zur typologischen und nominalistischen Konzeption.

Seine Definition der Art lautet: „Arten sind Gruppen sich (tatsächlich oder potentiell) kreuzender natürlicher Populationen, die von anderen solchen Gruppen reproduktiv isoliert sind" (zit. nach LÖTHER 1972). Sie geht von Populationen sich sexuell-zweieltrig fortpflanzender Organismen und dem genetischen System ihrer Arten aus und betont die Bedeutung des Genpools. Die Arten bilden so zugleich eine Fortpflanzungsgemeinschaft, eine ökologische und genetische Einheit.

Jede Art hält eine ökologische Nische besetzt. Der Genpool der Art ist durch die Selektion als Ganzes an die Umwelt der Art adaptiert, seine Gene sind untereinander koadaptiert.

Für den phylogenetischen Taxonomen ergeben sich aus MAYRs Konzeption eine Reihe von wohlbekannten Schwierigkeiten. Für unsere Betrachtungen ist wichtig, daß MAYRs Artbegriff sich nur auf zweieltrig-sexuelle Organismen anwenden läßt. Da aber Apomixis bei höheren und niederen Organismen verbreitet ist, sie eine genetische Grundlage besitzt und viele Apomikten ökonomisch wichtig und daher von praktischer Bedeutung sind, erhebt sich 1. die Frage, ob die Apomikten wirklich Arten sind und damit zusammenhängend 2. die Frage nach ihrer evolutiven Rolle und Bedeutung. Die erste Frage ist auch insofern von Bedeutung, als auf Grund der Ungleichwertigkeit der Formen innerhalb der Art die Gefahr besteht, alle kleinen Formen und Gruppen als Arten zu betrachten, d. h. Prinzipien des Neojordanismus anzuwenden.

Für MAYR sowie für einige andere Biologen (vgl. ČIZEK & HODÁNOVA 1971) besitzt die Art nicht universellen Charakter. Infolge des Übergangs zur apomiktischen Vermehrung gehe die Art als etwas Ganzes und Einziges verloren und verwandle sich in eine Reihe von Abarten, Formen usw. Die Art als Existenzform des Lebens entsteht nach CHOCHLOV (1946) historisch in einer Etappe der Evolution, kann jedoch in der folgenden verschwinden. Die Evolution verlaufe dann in anderen, sogenannten außerartlichen Existenzformen des Lebens, zu denen er die Apomikten zählt. Diese Formen seien dann Grundlage einer sog. außerartlichen Evolution. Nach ČIZEK & HODÁNOVA (1971) entstanden die Ideen von einer sog. außerartlichen Evolution „als Nebenprodukt und Reaktion auf formalistische Konzeptionen der Art, die von einer Fetischisierung der Sexualität ausgehen“ (S. 160).

Wenn wir von der Konzeption verschiedener Typen und der Ungleichwertigkeit der Arten als der grundlegenden methodologischen These ausgehen, ist es nicht erforderlich, alle jenen Gebilde aus den Grenzen des artlichen Lebens zu verbannen, die sich nicht in eine im voraus vorbereitete Schablone einfügen lassen. „Beim Übergang zur apogamen oder zur vegetativen Vermehrung kann z. B. nicht jener Organisationstyp der Art erhalten bleiben, der für seinen Vorgänger – die amphimiktische Art – charakteristisch ist. Es entsteht ein neuer Organisationstyp des artlichen Lebens, der dem alten nicht äquivalent ist und für den eine weit geringere Integrität charakteristisch ist.“ (S. 160)

Eine Erweiterung der biologischen Artkonzeption von MAYR (1963) zur Aufnahme der eineltrigen Organismen hat SIMPSON (1961) vorgeschlagen. Über MAYRs Artdefinition schreibt er: „Es ist die Tatsache der Evolution, welche die genetischen Arten zu getrennten Einheiten gemacht hat. Es ist auch offensichtlich, daß die genetische Definition der Art evolutionäre Bedeutung hat. Doch fällt auf, daß die Definition nicht ausdrücklich irgendein evolutionäres Kriterium enthält oder irgend etwas über die Evolution aussagt. Sie würde genau so gut oder faktisch noch besser für Arten passen, die sich nicht entwickeln.“ (Zit. nach LÖTHER 1972, S. 225.) Um ihre Unvollkommenheit zu überwinden, schlägt er eine allgemeinere Definition vor, die Definition der „evolutionären Art“. SIMPSON versteht darunter eine Abstammungsgemeinschaft von Populationen, die sich von anderen getrennt und mit einer eigenen einheitlichen evolutionären Rolle und Tendenz entwickelt:

„An evolutionary species is a lineage (an ancestral-descendant sequence of populations) evolving separately from others and which its own unitary evolutionary role and tendencies.“ (S. 153). SIMPSONs Konzeption besagt, daß eine Art während ihrer Existenz jederzeit „eine einheitliche Rolle besitzt, aber nicht jederzeit dieselbe und daß diese Rolle immer eine in bestimmter Weise besondere, aber nicht immer eine auf dieselbe Weise bestimmte ist“ (LÖTHER 1972, S. 225).

Die „biologische Art“ MAYRs ist ein Moment der „evolutionären Art“ von SIMPSON, eine „evolutionäre Art“ zweieltrig-sexueller Tiere. Während bei ihr Genaustausch zwischen den Populationen der Art die einheitliche Rolle erhält und Isolation Rollentrennung ermöglicht, ist für SIMPSON die evolutionäre Rolle das übergeordnete Moment für Kreuzung und Isolation. Sie sei für die Feststellung des Artstatus maßgeblich, wenn dieser angesichts zwischenartlicher Kreuzungen bei sympatrischen Populationen fraglich ist. Dieser Gesichtspunkt sei auch bei eineltrigen Organismen anwendbar. Die evolutionäre Einheit, die Erhaltung der einheitlichen evolutionären Rolle, wird durch die Gemeinsamkeit des Erbgutes, die Möglichkeit der Ausbreitung der Gene in der Population (die einen Genpool besitzt) und die Verhinderung der Ausbreitung der Gene in andere Populationen gewährleistet. Diese drei Faktoren seien aber nach SIMPSON sowohl bei Populationen zwei- als auch eineltriger Organismen gegeben. Für die Gemeinsamkeit des Erbgutes ist dies offenkundig, aber weniger klar für die beiden anderen Faktoren.

Bei Ein- wie bei Zweieltrigkeit erfolge die Ausbreitung der Gene, indem die Genanzahl zunimmt, wenn ihre Besitzer mehr Nachkommen erzeugen, und weniger werden oder auch verschwinden, wenn es weniger Nachkommen werden. Das heißt, daß die evolutionäre Rolle in beiden Fällen durch die natürliche Auslese determiniert und umgrenzt ist. Die zweieltrige Reproduktion erzeuge zusätzlich die Rekombination der Gene, erhöhe die Variabilität und mache die Art anpassungsfähiger, habe jedoch keine entscheidende Beziehung zur Ausbreitung der Gene in der Population. Bei eineltrigen Organismen erfolge natürlich keine Genverbreitung in andere Populationen durch Kreuzung, aber auch bei ihnen gebe es einen Wechsel von Individuen zwischen Populationen, die Erzeugung von Nachkommen in der anderen Population und deren dortige Integration und weitere Fortpflanzung. Bei beiden Reproduktionsweisen werde die Isolation durch das Fehlen von Migrationsmöglichkeiten, von effektiver Reproduktion in einer neuen Umwelt oder der Integration der Nachkommen gefördert (vgl. LÖTHER 1972). Zwar sei die Evolution bei Ein- und Zweieltrigkeit verschieden, aber das ändere nichts an der Tatsache, daß in beiden Fällen Arten gebildet werden, die in einer Definition erfaßt werden können. GRANT (1971) schließt sich im wesentlichen den Ausführungen SIMPSONs an und betont, daß Einheit und Integrität der evolutionären Art abhängig seien von der Ähnlichkeit und Verwandtschaft ihrer Individuen. Ähnlichkeit hänge ab von der Vererbung und dieser Faktor sei sowohl bei ein- als auch bei zweieltrigen Organismen vorhanden, d. h. daß die Individuen einer Population und Art bei Eineltrigen durch Elternbande verknüpft sind, während die Zweieltrigen zusätzlich Gattenbande aufweisen. Und das bewirke die größere Integrität der Zweieltrigen.

Sexuelle Arten seien ein Zustand in der Natur und die asexuellen eineltrigen ein anderer.

SIMPSON hat zwei einander bedingende Sachverhalte klar herausgestellt:

1. Gruppen eineltriger Organismen verhalten sich während der Evolution in wesentlichen Zügen wie genetische Populationen und Arten zweieltriger Organismen.
2. Nach LÖTHER wird aus evolutionstheoretischer und ökologischer Sicht

deutlich, daß „eine klassenlogische Auffassung der Gruppen eineltriger Organismen diesen so wenig angemessen ist, wie den Arten der Zweieltrigen" (S. 227).

SIMPSONs Konzeption basiert auf einem neuen Populationsbegriff, der aber nicht klar definiert wird. Das kompliziert diese überaus schwierige Sachlage noch mehr. Zu SIMPSONs Artkonzept paßt der genetische Populationsbegriff der Mendelpopulation nicht, da er sich auf zweieltrige Organismen bezieht, die Genaustausch zeigen. Auch der ökologische Populationsbegriff, der gewöhnlich für die Gesamtheit der Individuen einer Art oder für Arten verwendet wird, die z. T. ähnliche Lebensweisen besitzen (z. B. Höhlenbrüterpopulationen), ist nicht für SIMPSONs Konzept verwendbar. Sinnvoll wird der Begriff nach LÖTHER (1972) erst, wenn „man Population auf die überorganismischen Elemente der Biozönosen bezieht", d. h. wenn wir die lokale Population zugrunde legen.

Auch bei der lokalen apomiktischen Population müssen wir drei Aspekte berücksichtigen:

1. Genetischer Aspekt – die Population als Komplex von Biotypen (Ungleichheit im genetischen Sinn).
2. Geographischer Aspekt – die lokale Population (ohne Beziehung zu ihrer genetischen Zusammensetzung und Vermehrungsweise).
3. Reproduktions-Aspekt – die Population als spezifische Fortpflanzungseinheit.

Die apomiktischen Populationen bestehen dann meist aus mehr als nur einem Biotyp, obwohl die morphologischen Differenzen zwischen ihnen oft schwächer sind als in sexuell-zweieltrigen Populationen. Besonders niedrige Selektionsdrucke begünstigen das Auftreten verschiedener Biotypen in einer apomiktischen Population, während eine starke Selektion nur einen Biotyp beläßt oder die gesamte Population eliminiert (vgl. BAKER 1959).

Daß wirklich unterschiedliche Gruppen (Biotypen) in einer apomiktischen Population auftreten, konnten wir kürzlich wieder an einer Taraxacum-Population von *Taraxacum rostochiensis* nachweisen. Wir fanden nicht nur unterschiedliche morphologische Gruppen, die sich in Blattform, Behaarung, Färbung, Wuchsform usw., unterschieden, sondern auch Biotypen, die physiologische Differenzen hinsichtlich Blütezeit und -dauer am Tage, Rostbefall, Reifezeit und -dauer zeigten (vgl. TURRILL 1938). Das zeigt u. E. sehr anschaulich, daß obligat apomiktische Populationen längst nicht so uniform sind, wie bisher oft angenommen wurde.

Nach CLAUSEN (1960) besitzen diejenigen apomiktischen Populationen, die mehrere Biotypen enthalten, einen langfristigen Selektionsvorteil vor denen, die nur einen oder wenige besitzen. Bei Umweltänderungen werden dann die (oder der) erfolgreichsten Biotypen schnell vermehrt und erhalten die Population. Die verschiedenen Biotypen können zu verschiedenen Zeiten reifen oder leichte ökologische Differenzen zeigen, so daß in einer Saison einzelne Biotypen entwicklungsfähiger sind als andere. U. E. enthalten auch die Populationen obligat apomiktischer und eineltriger Organismen immer mehrere bis viele Biotypen.

SAWADSKI (1968) unterscheidet 6 Populationstypen entsprechend ihres Abhängigkeitsgrades. Die obligat apomiktischen Populationen könnten als „unabhängige Populationen" bezeichnet werden hinsichtlich des Genflusses, aber als stark abhängig hinsichtlich der Umweltbedingungen. Sie sind relativ selbständig sich reproduzierende Einheiten. Diese Selbständigkeit bezieht sich in erster Linie auf die Fortpflanzung und weniger auf die evolutionäre Seite, die vor allem SAWADSKI bei den sexuellen Populationen meinte.

Wir müssen ferner generell unterscheiden zwischen fakultativ (partiellen) apomiktischen Populationen, temporär obligat (totalen) Populationen und eineltrigen Populationen, von denen jede ihre eigenen Gesetzmäßigkeiten aufweist, über die bisher kaum etwas bekannt ist (vgl. BAKER 1959, CROW & KIMURA 1965, SMITH 1968). Am kompliziertesten sind die Erscheinungen in fakultativ apomiktischen Populationen, da hier die Gesetzmäßigkeiten apomiktischer und sexueller Reproduktion sich durchdringen und beeinflussen. Durch die Sexualität werden Genfluß und Rekombination begünstigt, während Apomixis diese Prozesse umgeht bzw. behindert. Die fakultativ apomiktischen Populationen ähneln nach BAKER (1959) generell mehr den amphimiktischen Populationen als den apomiktischen; doch gibt es auch hier alle Übergänge. Temporär obligat apomiktische und eineltrige Populationen weisen wenig oder überhaupt keinen Genfluß auf, doch zeigen auch sie noch eine deutlich wahrnehmbare Variabilität, die wohl vor allem auf subsexuellen Prozessen, Autosegregation, Polyploidie, Veränderungen der Chromosomenzahl und Mutation beruht. Auch diese Populationen von „asexuellen" Organismen sind nicht gänzlich stabil und starr hinsichtlich der Entstehung neuer Varianten (vgl. DAVIS & HEYWOOD 1967). Obligat apomiktische und eineltrige Populationen sind nur als zeitlich sehr begrenzt stabil zu bezeichnen, da sie viel stärker von der Umwelt abhängen als sexuelle.

SIMPSONs Ansichten zur Art wurden durch TIMOFEJEW-RESSOWSKY, WORONZOW & JABLOKOW (1969) bestätigt, indem diese erklären, daß es möglich sein müsse, für die Eineltrigen dem Artbegriff analoge und äquivalente Begriffe zu finden.

Den Dualismus zwischen evolutionstheoretischer und taxonomischer Begriffsbildung versucht SAWADSKI (1968) zu überwinden, „indem er Gemeinsamkeit und Verschiedenheit der Organismengruppen in den beiden Prinzipien der Universalität der Art und der Ungleichwertigkeit der Arten ausdrückt" (vgl. LÖTHER 1972, S. 227).

Da die Art zugleich universale und unterschiedliche Organisationsform des Lebens ist, führt er 10 allgemeine Merkmale an, die allen Arten zukommen sollen:

1. Vielheit
2. Organisationstyp
3. Reproduktion
4. Diskretheit
5. Ökologische Bestimmtheit
6. Geographische Bestimmtheit

7. Mannigfaltigkeit der Formen
8. Historizität
9. Widerstandsfähigkeit
10. Ganzheit

Als Arten sind nach SAWADSKI nur solche Gebilde zu betrachten, denen alle 10 Merkmale zukommen. Sie gehören zu jeder beliebigen Art, unabhängig von der Reproduktion, der Organisationshöhe usw. SAWADSKIs Konzeption bezieht sich eindeutig auch auf die Apomikten und Eineltrigen, die als Arten zu bezeichnen sind, wenn sie alle 10 Merkmale aufweisen. Weiterhin stellt er damit eindeutig fest, daß auch apomiktische und eineltrige Arten in sich differenzierte Systeme sind und eine innere Struktur besitzen, deren Basis die lokale Population ist.

Versuche, verschiedene Arttypen aufzustellen und gleichzeitig die innere Struktur in Form innerartlicher Einheiten darzustellen, sind von verschiedenen Biologen unternommen worden.

So unterscheidet TAKHTAJAN (1955) die Klon- und Populations-Art und CAIN (1959) führt die Biospecies, Paläo-, Agamo- und Morphospecies an. SEMENOV-TJAN-SCHANSKIJ (1910) unterscheidet verschiedene Arttypen nach ihrer Entstehung, ihrer Reproduktion, ihrem Alter, nach Stabilität und Umfang. CAMP & GILLY (1943) stellen nach hauptsächlich genetischen Gesichtspunkten 12 Arttypen auf, von denen Apogameon und Agameon apomiktisch sind. DU RIETZ (1930) unterscheidet 2 Gruppen von Arttypen, während DARLINGTON (1940) 6 und SMITH (1958) 3 Arttypen anführen.

Eine Unterscheidung von Arttypen kann u. E. zur Widerspiegelung der Realität nur auf phylogenetischer Grundlage unter Beachtung der Verschiedenartigkeit der einzelnen Abstammungsgemeinschaften erfolgen, ausgehend von den ersten primitiven „Urarten" bis zu den höchsten amphimiktischen Arten der höchsten Gruppen (vgl. SAWADSKI 1968). Während der Evolution hat es sicher verschiedene verschieden hoch entwickelte Typen von Arten gegeben.

SAWADSKI (1968) verlangt als Grundkriterium zur Einteilung von Arttypen die Stufe der Ganzheit der Population. Neben der primären agamen Art (= Eoagamospecies) verlangt er die Unterscheidung einiger Typen von agamen Arten (Klonarten), Arttypen mit Anfängen der Sexualität, sexuelle Arttypen und sekundär apomiktische Arttypen. Daneben seien innerhalb dieser Typen die Arten zu unterteilen nach Entwicklungsphasen (junge, stabilisierte, aussterbende), nach der Art ihrer Bildung und nach weiteren Merkmalen.

Unter diesem Gesichtspunkt betrachten wir die apomiktische Art als den Arttyp apomiktischer Organismen und den apomiktischen Artbegriff als Unterbegriff der evolutionären Art SIMPSONs, d. h. die Apomikten stellen historische, raum-zeitlich organisierte Abstammungsgemeinschaften dar. Infolge ihrer besonderen genetischen Struktur sind werdende Arten, sog. neue „artliche Formen" nach SAWADSKI (1968) besonders häufig.

Aber auch die apomiktischen Arten zeigen eine innerartliche Struktur. Schon TURESSON (1929, 1943) hatte in genialerweise sein Agamospecies-Agamotyp-Apomikt-System analog dem sexuellen Konzept eingeführt. Nach

VALENTINE & LÖVE (1958) ist dieses System unvollständig und löst das Problem nicht. Fest steht auch, daß bis heute keine einheitliche Systemgrundlage für alle apomiktischen Gruppen gefunden worden ist.
Beispiele:

BABCOCK & STEBBINS (1938) schlagen folgendes vor: Unter Beachtung der Beziehungen zwischen Apomikten und ihren sexuellen Ancestoren können im allgemeinen ebenso viele oder etwas mehr apomiktische Arten als sexuelle Ahnen ohne Schwierigkeiten unterschieden werden, die sie als Agamospecies bezeichnen. Wo die sexuellen Ancestoren nicht bekannt sind (z. B. *Rubus fruticosus*) führte GUSTAFSSON (1943) das „Circle-species"-System ein. Die „Circle-species" sind weit verbreitet und gut unterscheidbare apomiktische Arten. Um sie gruppierte er den Rest der Varianten als „Circle-Microspecies" (Gruppen von Apomikten, die morphologisch einander sehr ähnlich sind), Varietäten und Formen.

LÖVE (1960) führte den Begriff der Agamospecies ein, der aber auf niedrigerer Stufe steht als TURESSONs Begriff und der Subspecies bei MARKLUND (1939, 1961) vergleichbar ist. MARKLUND unterscheidet im Ranunculus-auricomus-Komplex 4 Kollektiv-Arten (R. auricomus, R. fallax, R. cassubicus und R. monophyllus) und gruppiert um diese die Apomikten als Subspecies, die dann in die taxonomische Hierarchie inkorporiert werden konnten. Auch WALTERS (1966) unterscheidet bei Apomikten infraspezifische Kategorien (Subspecies, Varietät, Form).

Um die innerartliche Struktur und die Evolution der apomiktischen sowie der eineltrigen Art richtig aufzufassen, müssen wir zwischen der primären ursprünglichen Eineltrigkeit der primitiven Organismen (Blaualgen, Bakterien usw.) und der sekundären abgeleiteten Apomixis bei Pflanzen und Tieren unterscheiden.

SAWADSKI (1968) führt für diese primären eineltrigen „Arten" den Begriff Eoagamospecies ein, den wir für wenig glücklich halten, da in ihm Elemente enthalten sind, die zu sehr an den abgeleiteten Zustand der Agamospermie erinnern. Wir schlagen deshalb den Begriff „Uniparentalspecies" bzw. „eineltrige Art" vor. Über die innerartliche Struktur dieser Art oder darüber, ob auf Grund der Ungleichwertigkeit der einzelnen primären eineltrigen Urorganismen mehrere ungleichwertige „Uniparentalspecies" unterschieden werden müssen, kann z. Z. nichts ausgesagt werden. Unsere folgenden Betrachtungen erstrecken sich deshalb auch nur auf die „obligaten apomiktischen" Arten. Man kann diese nicht als eineltrige Arten auffassen, wie es verschiedene Autoren noch tun, da 1. bei allen bisher bekannten Apomikten noch immer beide Geschlechter an der gleichen Pflanze entwickelt sind, auch wenn sie nur matroklin vererben. Da außerdem bei allen bisher bekannten apomiktischen Abstammungsgemeinschaften, seien sie fakultativ oder obligat, die sexuellen Ancestoren vorhanden sind und sogar „obligate Apomikten" unter geeigneten Umständen zur Kreuzung fähig sind, gehen wir noch einen Schritt weiter und meinen, daß es bei höheren Pflanzen und Tieren keine total obligaten Apomikten gibt, sondern nur fakultative und sog. „zeitweilig“ oder „temporär“ obligate Apomikten (vgl. DAVIS & HEYWOOD 1967, CLAUSEN 1954, GRANT 1971, SAWADSKI 1968). Aus diesem Grund kann auch für die fakultativ und temporär obligaten Apomikten der höheren Pflanzen und Tiere ein innerartliches Strukturkonzept vorgeschlagen werden.

Als Begriff für die „apomiktische Art“ bei höheren Pflanzen halten wir den inzwischen schon eingebürgerten Begriff „Microspecies“ bzw. „Kleinart“ für treffend und verstehen darunter eine apomiktische Abstammungsgemeinschaft, die durch einen Komplex von Merkmalen gekennzeichnet ist. Kleinarten besitzen eine evolutionäre Rolle und Tendenz, die durch die Apomixis bestimmt wird. Sie sind direkt oder indirekt mit den primären sexuellen Ahnen verbunden und in den meisten Fällen polyploid und hybridogener Herkunft.

GRANT (1971) verwendet den Begriff der Microspecies außerdem für die klonale, die heterogame und die autogame „Art“. Wenn auch für die klonale Art der Begriff verwendet werden könnte, halten wir seine Anwendung bei den beiden übrigen Reproduktionstypen für nicht günstig, da diese sexuell und genetisch völlig andersartig sind.

TURESSONs (1929, 1943) „Agamospecies“ ist nur z. T. identisch mit unserem Begriff, da er darunter eine obligat und totale apomiktische Population versteht, deren Glieder gemeinsamen Ursprungs sind. Umfassender und unserem Begriff näher steht seine „apomict-coenospecies“. Wir dürfen nicht vergessen, daß TURESSONs Konzept ein genökologisches ist und daher sehr stark die ökologische Seite betont:

Amphimiktisch	Apomiktisch
Amphimict-coenospecies	Apomict-coenospecies
Öcospecies	Agamospecies
Öcotyp	Agamotyp
Amphimict	Apomict.

Auch CAMP & GILLYs (1943) Begriffe Apogameon und Agameon entsprechen nur teilweise dem Begriff der Microspecies und treffen zu für fakultative bzw. temporär obligate Apomikten. Sie sind morphologisch-genetisch gekennzeichnet und betonen kaum das evolutionäre Moment.

SAWADSKI (1968) und ČIZEK & HODÁNOVA (1971) unterscheiden folgende innerartliche Einheiten bei sexuellen höheren Organismen:

1. Semispecies (= Hemispecies): Gebilde, das fast den Stand einer jungen Art erreicht hat.
2. Subspecies: geographische oder regionale ökologische Rasse.
3. Ökotyp: lokale ökologische Rasse.
4. Lokale Population: relativ isolierte Ansiedlung von Organismen, die die Fähigkeit der Selbstreproduktion besitzt. Grundelement der Art. Sie weist ein relativ stabiles und bestimmtes Areal auf.
5. Ökoelement: Form innerhalb der Population, die enge Beziehungen zum

Genpool der Population aufweist. Fähig zum Übergang in einen selbständigen existierenden Ökotyp.

6. Morpho-biologische Gruppe (= Isoreagent): Gruppe von Organismen in der Population, die sich in einem oder mehreren Merkmalen unterscheidet, aber auf Umweltbedingungen gleich reagiert.
7. Biotyp: Elementareinheit genetischer Struktur der Population mit gleichem Genotyp und der sich von einer anderen Gruppe infolge mindestens einer Mutation unterscheidet.

Während Subspecies, Ökotyp, lokale Population und Biotyp recht klar definiert werden, sind Semispecies, Ökoelement und Isoreagent weniger klar. Bei den beiden letzten Begriffen handelt es sich um sympatrische Einheiten.

In Anlehnung an SAWADSKI (1968) und ČIZEK & HODÁNOVA (1971) schlagen wir folgende innerartliche apomiktische Einheiten bei höheren Pflanzen und Tieren vor:

1. Aposubspecies
2. Agamotyp (TURESSON 1943)
3. Lokale apomiktische Population
4. Apoform
5. Apomiktischer Biotyp.

„Grundprinzip dieses Systems ist die Anerkennung des Bestehens stufenförmig wachsender genetischer Unterschiede und einer teilweisen Isolierung zwischen den Gruppen sowie wachsender Fähigkeit dieser Gruppen zu einer relativ selbständigen Existenz." (ČIZEK & HODÁNOVA 1971, S. 184). Dieses System soll zugleich die existierende Differenzierung der apomiktischen Art als auch den Prozeß evolutionärer Veränderungen ausdrücken. Auch die apomiktische Art ist ein zusammengesetztes System von Einheiten verschiedener Organisationsebenen, wobei z. Z. noch offenbleiben muß, inwieweit Subtypen auszuscheiden sind. Wir schließen uns damit der Meinung von ČIZEK & HODÁNOVA (1971) an, die die zusammengesetzte Organisation des Lebens als ein theoretisches Prinzip der modernen Biologie betrachten und die Existenz einer Vielzahl realer Systeme eines bestimmten und verschiedenen Grades von Organisiertheit anerkennen. Verschiedene Autoren (vgl. DAVIS & HEYWOOD 1967) beschrieben sämtliche apomiktische Formen als neue Arten mit der Begründung, daß die durch Mutation entstandenen neuen Formen sofort isoliert seien und damit den Artrang erreicht hätten. Abgesehen davon, daß diese Autoren total obligate Apomixis und Mutation als die einzige Variationsmöglichkeit voraussetzen, widerspricht die Artauffassung dieser Autoren dem Konzept der evolutionären Art. Eine Art entsteht niemals in einem Schritt, auch bei temporär obligaten Apomikten nicht, es ist höchstens eine potentielle Art, eine neue „artliche Form", wenn sie konstant, isoliert und lebensfähig ist und sich vermehrt. Die Entwicklung dieser neuen „artlichen Form" in eine natürliche Kleinart geschieht in einem historischen Prozeß, bei dem sie alle übrigen Artmerkmale erlangt. Häufig treffen wir in der Natur die apomiktischen Populationen in einem Stadium an, das uns bei entsprechender Kenntnis aller verwandter Sippen berechtigt, diese artliche Form als neue Art zu beschreiben, wenn sie diskret und vital ist, sich vermehrt usw. Nach GRANT (1971) ist der Prozeß des Populationswachstums über lokale Populationen und endemische Microspecies zur verbreiteten Microspecies fließend. Man könne dann von einer Microspecies sprechen und sie entsprechend benamen, wenn die entstandene Sippe eine wiedererkennbare Merkmalskombination besitze, die durch die Apomixis über ein bestimmtes geographisches Areal verbreitet werde. Der Begriff „artliche Form" bezeichnet also einen Status jungartlicher Bildung bei Organismen mit plötzlicher Artbildung (Apomikten, Heterogame, Hybriden usw.).

Die Aposubspecies definieren wir als besondere geographische Rasse bei Apomikten. Obwohl bei apomiktischen Arten Aposubspecies wohl nicht sehr häufig sind, kommen sie vor. Bekannte Beispiele sind *Taraxacum reichenbachii* in den Alpen und seine apossp. *dovrense* in Skandinavien. Die Aposubspecies ist die geographische Existenzform der Art; sie ist die höchste kollektive und taxonomische Einheit innerhalb der Kleinart. Sie ist nicht nur eine Gesamtheit von apomiktischen Biotypen und ein System lokaler Populationen, sondern auch ein System von Agamotypen (vgl. ČIZEK & HODÁNOVA 1971).

Einige skandinavische Autoren (MARKLUND 1939, 1961; FAGERSTRÖM 1965, 1967 a und b; JULIN 1963, 1964, 1965, 1967; RASCH 1970 u. a.) benutzen den Begriff der Aposubspecies in sehr heterogenem Sinne. Wie wir aus ihren Arbeiten entnehmen konnten, umfaßt ihr Subspecies-Begriff sowohl Microspecies, artliche Formen, Aposubspecies und Agamotypen als auch lokale apomiktische Populationen und Apoformen.

Den Agamotyp fassen wir im Sinne von TURESSON (1943) auf und verstehen darunter eine lokale apomiktische ökologische Rasse. Bei großflächig verbreiteten Microspecies können Agamotypen ausgebildet werden. Bei der lokalen apomiktischen Population konnten wir bisher zwei Typen unterscheiden:

1. Die Microspecies hat ein kleines Areal und enthält nur eine kleine Population. Dieser Typ der solitären Population ist bei Apomikten nicht selten (Endemismus).
2. Das Areal der Microspecies ist relativ groß und enthält mehrere bis viele größere und kleinere Populationen, die zueinander Beziehungen aufweisen.

Die Apoform entspricht etwa dem Isoreagent sexueller Pflanzen. Sie umfaßt eine Gruppe von Organismen in der Population, die sich in einem (oder mehreren) Merkmal(en) von anderen unterscheidet. Sie kann genetisch homogen oder heterogen sein. So sind z. B. die morphologischen Abweicher bei Alchemilla als Apoformen zu bewerten (vgl. SAWADSKI 1968). Als Beispiel für die innerartliche Differenzierung einer apomiktischen Art möchte ich *Taraxacum rubicundum* (DAHLST.) DAHLST. vorstellen.

T. rubicudnum besitzt ein großes Areal in Europa und besiedelt bevorzugt sonnige Standorte (Trockenrasen, Dünen, Wege usw.). Im Norden des Areals ist die Art triploid (2n = 24) und temporär obligat apomiktisch, während sie im Süden fakultativ apomiktisch ist (2n = 24; 16). Da außerdem weitere Unterscheidungsmerkmale hinzukommen, möchte ich in diesem Fall von zwei Aposubspecies einer Kleinart sprechen. Auf Dünen wachsende Sippen von *T. rubicundum* unterscheiden sich in einigen Merkmalen (Stellung der äußeren Hüllblätter, Habitus, Behaarung, Farbe) konstant von den auf Trockenrasen wachsenden Sippen. Ich fasse deshalb diese beiden unterschiedlichen Formen als zwei Agamotypen der nördlichen Aposubspecies von *T. rubicundum* auf. Als Apoformen schließlich sind jene genetisch fixierten Abweicher zu betrachten, die meist nur in einem Merkmal verschieden sind, z. B. grobblättrige Schattenformen oder farbliche Abweicher, die nicht selten sind.

Die apomiktische Art ist also ein differenziertes Gebilde, das verschiedene Einheiten enthält. Diese Formen bringen sowohl die Einheit der Art als auch ihre Differenzierung zum Ausdruck. Der innerartliche Polymorphismus ist somit sämtlichen Arten eigen. Die verschiedenen Arttypen unterscheiden sich jedoch durch den Grad und den Charakter ihrer Struktur voneinander (vgl. ČIZEK & HODÁNOVA 1971).

Meine Damen und Herren, abschließend möchte ich nochmals feststellend betonen, daß es keine außerartliche Evolution gibt und daß die Mannigfaltigkeit der Organismen in Arten organisiert ist, die in mannigfacher Hinsicht ungleichwertig sind. Einen Arttyp stellt die apomiktische Art der höheren Pflanzen und Tiere, die Kleinart, dar. Sie ist ebenfalls Träger und Stadium der Evolution, wie die sexuelle „biologische Art“, besitzt aber einen anderen Inhalt und ein anderes Wesen.

Literaturverzeichnis

BABCOCK, E. B. & STEBBINS, G. L., The american species of *Crepis*: their Relationships and distribution as affected by Polyploidy and Apomixis. Carnegie Inst. Washington, Publ. Nr. 504 (1938).

BAKER, H. G., Reproductive methods as Factors in Speciation in Flowering Plants. Genetics and Twentieth Century Darwinism, *24*, 177–191 (1959).

BASHAW, E. C., HOVIN, A. W. & HOLT, E. C., Apomixis, its evolutionary significance and utilization in plant breeding. Proceedings of the XI. Intern. Grassl. Congr., *1970*, 245–248 (1970).

CAIN, A. J., Die Tierarten und ihre Entwicklung. Jena, 1959.

CAMP, W. H. & GILLY, C. L., The structure and origin of species. Brittonia, *4* (3), 323–385 (1943).

CHOCHLOV, S. S., Bespolosemennyje rastenija. Uc. zapiski Saratov Univ., *16 (1)* 3–74 (1946).

CIZEK, F. & HODÁNOVA, D., Evolution als Selbstregulation. Jena, 1971.

CLAUSEN, J., Partial Apomixis as an equilibrium system in Evolution. Caryologia. suppl., *6*, 469–479 (1954).

–, A simple method for the sampling of natural populations. Rep. Scottish Pl. Breed. Stat., *1960*, 69–75 (1960).

CROW, J. F. & KIMURA, M., Evolution in sexual and asexual populations. Amer. Nat., *99, 909,* 439–450 (1965).
DARLINGTON, C. D., Taxonomic species and genetic systems in The new systematics, p. 137–170 (1940).
DAVIS, P. H. & HEYWOOD, V. H., Principles of Angiosperm Taxonomy. Edinburgh and London, 1967.
DU RIETZ, E., The fundamental units of biological taxonomy. Sv. bot. T., *24 (3),* 333–428 (1930).
FAGERSTRÖM, L., Neue Sippen des *Ranunculus auricomus*-Komplexes aus Finnland. Acta Soc. F. Fl. Fennica, *78 (1),* 1–10 (1965); II. Ibid., *79 (1),* 1–46 (1967 a).
–, Neue Sippen des *Ranunculus auricomus*-Komplexes aus der Sowjetunion. Ibid., *79* (*2*), 1–110 (1967 b).
GRANT, V., Plant Speciation. New York and London, 1971.
GUSTAFSSON, Å., The genesis of the European Blackberry flora. Lund. Kgl. Fysiogr. Sallsk. Handl., *54* (6), 1–200 (1943).
JULIN, E., Der Formenkreis des *Ranunculus auricomus* L. in Schweden. I. Ark. Bot., *2,6* (1), 1–28 (1963).
–, Eine neue skandinavische Sippe des *Ranunculus monophyllus.* Sv. bot. T., *58* (3), 486–490 (1964).
–, Der Formenkreis des *Rununculus auricomus* L. in Schweden. II. Ark, f. Bot., *2,6* (2), 29–108 (1965); III. Ibid., *2,6* (5), 243–308 (1967).
LÖTHER, R., Die Beherrschung der Mannigfaltigkeit. Jena, 1972.
LÖVE, A., Biosystematics and classification of apomicts. Feddes Repert., *62,* 136 bis 148 (1960).
MARKLUND, G., Einige Sippen der *Ranunculus auricomus*-Gruppe. Mem. Soc. Fl. Fennica, *16,* 45–53 (1939).
–, Der *Ranunculus auricomus*-Komplex in Finnland. I. Soc. F. Fl. Fennica, *3,* 3 bis 123 (1961).
MAYR, E., Animal Species and Evolution. Cambridge, 1963.
RASCH, W., Einige Sippen von *Ranunculus auricomus* L. s. str. aus Gotland (Schweden). Sv. bot. T., *64* (4), 429–459 (1970).
RUTISHAUSER, A., Fortpflanzungsmodus und Meiose apomiktischer Blütenpflanzen. Protoplasmatologia, *VI,* F 3 (1967).
SAWADSKI, K. M., Wid i Widoobrasowanije. Leningrad, 1968.
SEMENOV-TJAN-SCHANSKIJ, A. P., Taksonomitscheskije granizy wida. Zapiski AN, *8* (25), 1–29 (1910).
SIMPSON, G. G., Principles of Animal Taxonomy. New York and London, 1961.
SMITH, J. M., The theory of Evolution. Harmandsworth, 1958.
–, Evolution in sexual and asexual populations. Amer. Nat., *102,* 469–473 (1968).
TAKHTAJAN, A. L., Nekotoryje woprosy teorii wida. Bot. Zurn., *40* (6), 789–796 (1955).
TIMOFEJEW-RESSOWSKY, N. W., WORONZOW, N. N. & JABLOKOW, A. W., Kratki otscherk teorii ewoljuzii. Moskau, 1969.
TURESSON, G., Zur Natur und Begrenzung der Arteinheiten. Hereditas, *12,* 323 bis 334 (1929).
–, Variation in the apomictic microspecies of *Alchemilla vulgaris* L. Bot. Not., p. 413–427 (1943).

TURRILL, W. B., Problems of British Taraxaca. Proc. Linn. Soc., *150,* 120–124 (1938).
VALENTINE, D. H. & LÖVE, A., Taxonomic and biosystematic categories. Brittonia, *10,* 153–166 (1958).
WALTERS, S. M., The taxonomic Implications of Apomixis. In: J. G. HAWKES, Reproductive Biology and Taxonomy of Vascular Plants, p. 162–168 (1966).

Anschrift des Verfassers: Dr. Reinhard DOLL, 2851 Neu-Klockow, Kr. Parchim (Mecklb.). DDR.

Diskussion

VENT, Berlin
Herr Dr. DOLL, Sie haben mit Recht die Universalität des Artbegriffes im biologischen Sinne hervorgehoben. Ich stimme auch mit vielen anderen Punkten Ihrer Ausführungen überein, aber den Vorschlag, Begriffe wie Apospezies, -subspezies, -varietas und -forma in das Klassifikationssystem einzuführen, kann ich nicht akzeptieren. Einen analogen Vorschlag mit dem Präfix „Chemo-" hat TETENY (1959) gemacht und in den folgenden Jahren militant vertreten. Er wollte damit die Information verbinden, daß die so erweiterten kategorialen Begriffe chemisch charakterisierte infraspezifische Sippen bezeichnen. Ich halte diese Form der Information in unserem kategorialen Klassifikationssystem generell nicht ganz für adaequat. Solche und ähnliche Informationen, die die Binnenstruktur und Dynamik pflanzlicher Arten betreffen, lassen sich zweckmäßig in der Beschreibung oder anderen Teilen des extrakategorialen Bereiches unseres Pflanzensystems unterbringen. Auf diese Weise bewahren wir für unser traditionelles Pflanzensystem ein überschaubares Kategoriengefüge, ohne die Informationen, die diesem zugrunde liegen, einzuschränken.

DOLL, Gülzow
Das vorgestellte Konzept sollte nur ein Vorschlag sein. Ich wollte es zur Diskussion stellen. Hier ging es vor allem darum, die Spezifität der Apomikten darzustellen, und zwar die innerartliche Struktur, die bei den Apomikten vorhanden ist. Inwieweit, wissen wir noch nicht. Wir wissen allerdings, daß eine Subspezies vorhanden ist, daß Ökotypen vorkommen können, die Agamotypen, daß auch lokale Populationen vorhanden sind, Biotypen und Formen. Das haben andere Autoren ebenfalls an ihren Objekten nachgewiesen. Vielleicht sind auch noch andere infraspezifische Einheiten da, welche wissen wir allerdings noch nicht. Mir ging es darum, diese Begriffe mit einem speziellen Namen zu belegen, um den Unterschied zu den Sexuellen herauszuheben. Ich meine, das müßte getan werden; das hatte schon TURESSON gefordert. Man kann sich darüber vielleicht austauschen, man kann geteilter Meinung sein, aber ich meine, man müßte es auf möglichst einfacher Basis tun, da die Apomixis ein ganz anderer Reproduktionsmodus ist. Diese Überlegungen gelten für die temporär obligaten Apomikten, nicht aber für die

fakultativen und partiellen, die fließend in die sexuellen Arten übergehen. Für letztere treffen vielleicht eher die Gesetzmäßigkeiten der sexuellen Arten zu.

HANELT, Gatersleben
Herr Professor VENT sagte, wenn man solche speziellen Termini für eine ganz spezifische Reproduktionsweise einführt, dann ist es genauso gerechtfertigt, daß man für andere etwas von der Amphimixis abweichende Reproduktionsweisen entsprechende Termini einführt. Ich meine, im evolutionistischen Sinne mit der Apomixis letzten Endes weitgehend übereinstimmend ist ja eine temporär obligate – um bei Ihrem Terminus zu bleiben – Autogamie. Und dann müßten Sie also konsequenterweise die „Autosubspezies", den „Autotypus" oder die „Autoform" einführen, und ähnliches gilt natürlich auch für andere, komplexere Fortpflanzungsweisen, denken Sie an die Formen der konstanten Translokationsheterozygoten bei *Oenothera* oder so etwas. Ich würde sagen, das ist eigentlich nicht im Sinne der Taxonomie, und würde also in diesem Falle, im Gegensatz zu Herrn Professor KLOTZ, die Universalität des Speziesbegriffes hochhalten!

NATHO, Berlin
Die meisten meiner Hinweise haben sich durch Herrn Dr. HANELTs Beitrag erübrigt. Von dem, was mir am Herzen liegt, bleibt zu sagen: Wir wollen bei einem einheitlichen Benennungssystem bleiben! Unser derzeitiges Benennungssystem mit seinen Untergliederungen hat Lücken und Probleme. Über allen damit verbundenen Schwierigkeiten dürfen wir aber nicht vergessen daß wir die durch dieses Benennungssystem gebotenen Möglichkeiten erst einmal voll ausschöpfen müssen. Dies herauszustellen, scheint mir in diesem Zusammenhang notwendig. Wir müssen prüfen, ob wir wirklich alles angewandt haben, was dieses Benennungssystem bietet. Andererseits müssen wir uns hüten, unnötig neue Kategorien, neue Begriffe in die Diskussion hineinzuwerfen. Hierdurch wird nur die bereits bestehende Verwirrung und die daraus resultierende Unübersichtlichkeit vergrößert. Wie Herr Dr. MANITZ überzeugend zeigte, wird in der Literatur und z. T. auch bei uns mit sehr unterschiedlichen Begriffen und Begriffsfassungen auf dem Gebiet der Kategorien gearbeitet. Und wenn wir auf der einen Seite meinetwegen z. B. für die Apomikten besondere Kategorien zulassen, dann müssen wir auf der anderen Seite zwangsläufig mit gleicher Berechtigung dies für Kulturpflanzen und andere Sippen tun. Dies führt uns dann immer weiter weg von dem, was wir eigentlich wollen, nämlich von einer Vereinheitlichung, einer generellen Linie, die uns in der Verständigung weiterhilft. Das Ziel kann nicht das Aufstellen neuer Kategorien sein, sondern nur die allseitige Nutzung der Möglichkeiten des uns zur Verfügung stehenden Benennungssystems.

FSC
www.fsc.org
MIX
Papier | Fördert gute Waldnutzung
FSC® C083411

Kolibri 360 GmbH
Ferdinand-Jühlke-Straße 7
99095 Erfurt, Deutschland
produktsicherheit@kolibri360.de